親切ガイドで迷わない

大学の微分積分

高橋麻奈
Mana Takahashi

技術評論社

はじめに

　今、広く数学の素養が求められる時代になっています。
　大学に入られたみなさまの中には、思いがけず微分積分を勉強しなければならなくなった方も多いことでしょう。また、一人の社会人として、大学レベルの微分積分の教養を求められる機会もあります。
　だけど微分積分は難しい……高校までにどうにか勉強してきたことも、すっかり忘れてしまったし……と頭を悩ませている方は多いかもしれません。

　本書は、大学生や社会人のみなさまが高校の微分積分からおさらいし、最終的に大学レベルとして最低限必要な微分積分の計算力を身につけるための本です。
　2変数の微分積分までをコンパクトに手際よく学べるようになっており、すばやく計算スキルを身につけることができます。一つ一つ計算手順を追うことで、微分積分を確実に学んでいくことができるでしょう。

　また、本書の特色として、初学者が迷わないように親切なガイドをふんだんに入れてあります。このガイドを頼りに、ぜひ最後まで読み通してください。ガイド役は微分さん・積分さんの双子です。

　本書がみなさまのお役に立つことを願っております。

高橋麻奈

もくじ

第1章 微分の基本を学ぼう
- 1.1 微分の世界とは？ ——— 4
- 1.2 関数について学ぼう ——— 8
- 1.3 微分をはじめよう ——— 13
- 1.4 導関数を学ぼう ——— 20
- 1.5 和と差の公式を学ぼう ——— 26
- 1.6 積と商の公式を学ぼう ——— 33

第2章 簡単に微分できるようにしよう
- 2.1 合成関数を微分しよう ——— 44
- 2.2 逆関数を微分しよう ——— 51

第3章 いろいろな関数を微分しよう
- 3.1 三角関数を微分しよう ——— 60
- 3.2 逆三角関数を学ぼう ——— 70
- 3.3 指数関数を微分しよう ——— 76
- 3.4 対数関数を微分しよう ——— 81

第4章 微分を応用してみよう
- 4.1 関数を調べる準備をしよう ——— 90
- 4.2 極限を調べてみよう ——— 102
- 4.3 極値を調べよう ——— 107
- 4.4 関数の凹凸を調べよう ——— 117
- 4.5 近似する関数を調べよう ——— 125

第5章 積分の基本を学ぼう
- 5.1 積分の世界とは？ ——— 132
- 5.2 不定積分を学ぼう ——— 135
- 5.3 部分積分と置換積分 ——— 142
- 5.4 定積分を学ぼう ——— 149
- 5.5 部分積分と置換積分 ——— 161
- 5.6 広義積分を学ぼう ——— 166
- 5.7 面積を考えよう ——— 171
- 5.8 体積を考えよう ——— 177

第6章 2変数関数を微分しよう
- 6.1 偏微分を学ぼう ——— 188
- 6.2 全微分を学ぼう ——— 193
- 6.3 2変数関数で極値を考えよう ——— 197

第7章 2変数関数を積分しよう
- 7.1 重積分を学ぼう ——— 202
- 7.2 累次積分を学ぼう ——— 205
- 7.3 積分領域を考えよう ——— 213
- 7.4 体積を考えよう ——— 219

● 理解度確認！：解答 ——— 223

第1章

微分の基本を学ぼう

これから微分と積分について学んでいきます。
まず最初に、微分の基本について学ぶことにしましょう。
微分の世界とは、一体どのようなものなのでしょうか？
微分の感覚を身につけていきましょう。

1.1 微分の世界とは？

●一定の速度で進むと……

まず始めに、「微分をする」ことの意味について考えてみましょう。一定の速度である向きに移動する「物体」があったとします。このとき、時刻と進んだ距離の関係を表すことを考えてみてください。

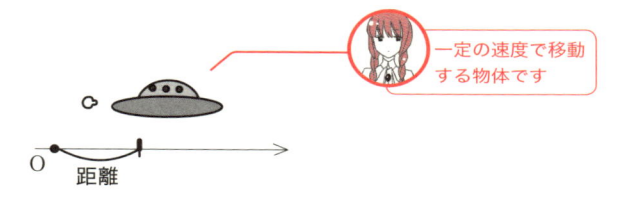

一定の速度で移動する物体です

時間の経過にしたがって進んだ距離は長くなりますから、時刻と距離の関係を記録していくと、次のようになるでしょう。時刻が進むにつれて移動した距離は大きくなると考えられます。

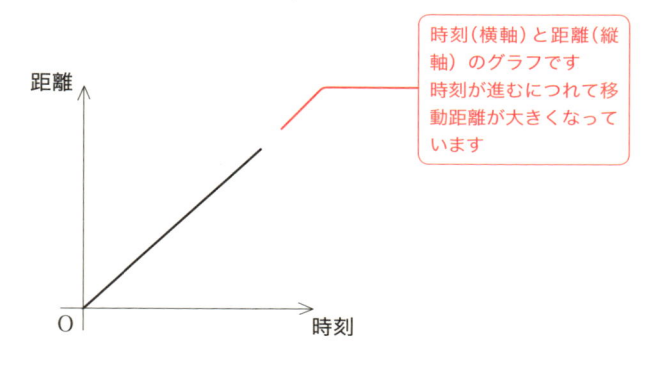

時刻（横軸）と距離（縦軸）のグラフです
時刻が進むにつれて移動距離が大きくなっています

さて、このとき物体の速度はどのようになっているでしょうか？　今度は時刻と速度との関係を考えてみてください。この物体の場合は一定の速度で進んでいるので、時刻と速度の関係は次のようになるでしょう。時刻が経過しても速度は変わることはありません。

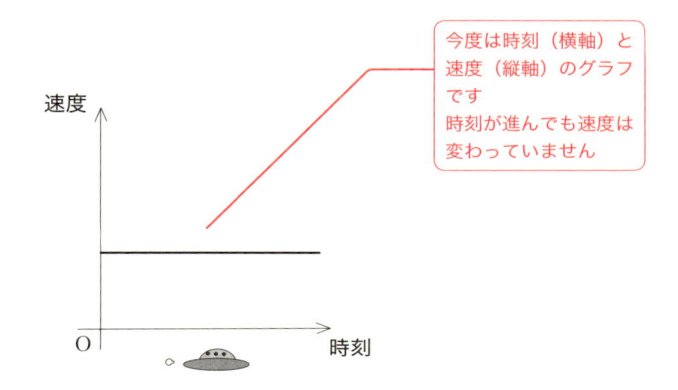

1.1 微分の世界とは？

> 今度は時刻（横軸）と速度（縦軸）のグラフです
> 時刻が進んでも速度は変わっていません

●だんだん速度が上がる場合は……

それでは、物体が次のように移動していたらどうでしょうか？　時刻と移動距離の関係を注意深くみてください。

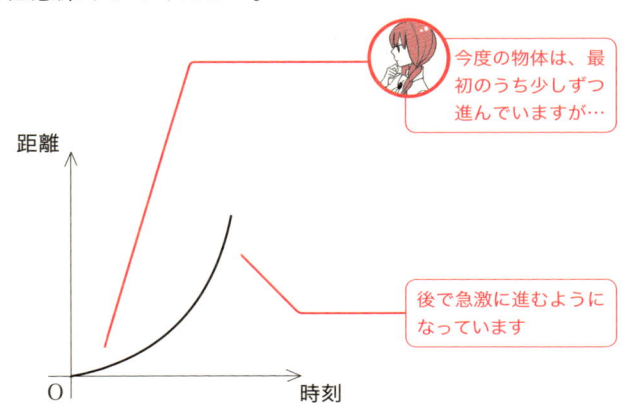

> 今度の物体は、最初のうち少しずつ進んでいますが…

> 後で急激に進むようになっています

今度の物体はどうでしょうか？　最初のうちは少しずつしか進みませんが、時刻が経過すると急激に進むようになっています。これは、最初のうちは速度が遅く、次第に速度が速くなっているためです。つまり、この物体の速度は次のようになっていると考えられるでしょう。

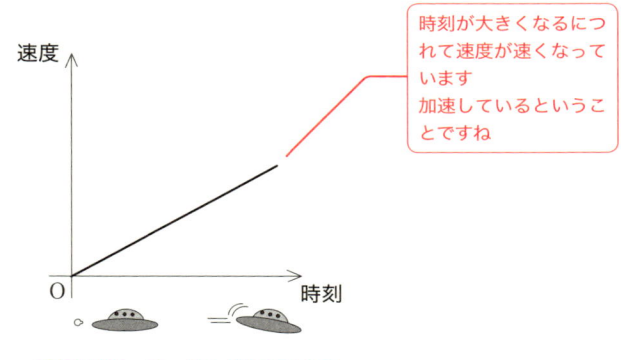

[速度のグラフ: 時刻が大きくなるにつれて速度が速くなっています。加速しているということですね]

最初は遅いが、だんだん速くなる

●速度がいろいろ変わると……

それでは、次のように物体が進んでいる場合はどうでしょう？　この場合、前の例と同様、はじめは速度が速くなっていきますが、ある時点から速度が遅くなっていることがわかります。

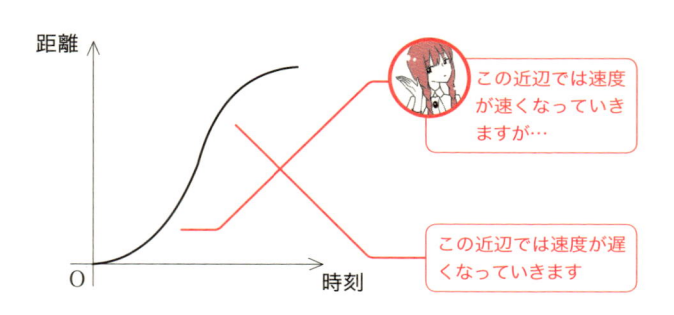

[距離のグラフ: この近辺では速度が速くなっていきますが… / この近辺では速度が遅くなっていきます]

この場合の時刻と速度のグラフは次のようになるでしょう。

1.1 微分の世界とは？

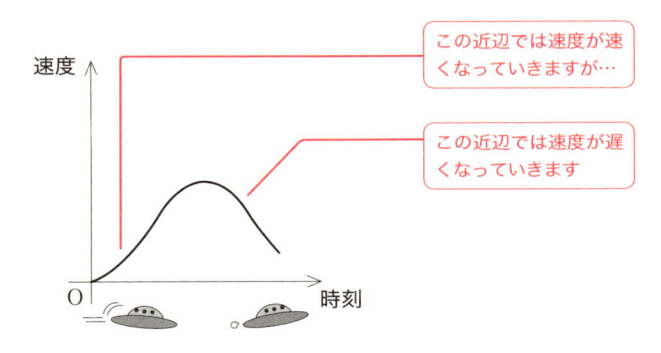

速度

この近辺では速度が速くなっていきますが…

この近辺では速度が遅くなっていきます

時刻

最初は加速し、中ほどで減速

　こんなふうに、時刻と距離の関係から、時刻と速度の関係を考えていくことがあります。

　時刻と距離の関係から、時刻と速度の関係を導き出せるようになれば便利です。たとえ謎の物体であっても、時刻と距離の関係がわかれば、その速度の変化を割り出すことができるでしょう。

　こうした場合に利用できるのが微分の考え方です。微分によって、時刻と距離のような関係から、時刻と速度の関係のような関係を導き出すことができます。

　微分は抽象的な数学による概念です。このため、時刻と位置、時刻と速度といった関係にとどまらず、同じように変化の関係を考えていく状況で、広く微分の技術を応用することができるようになります。気温が変わる場合、圧力が変わる場合…その応用分野は大変広いものです。さっそく微分について学んでいきましょう。

Column / 大学で学ぶ数学

本書では大学で扱われる数学について学びましょう。大学で学ぶ数学は1つずつ意味をしっかり考えながら進んでいくことになります。中学・高校で学んだ事項の復習もありますが、1つ1つの意味を考えながら進んでいきましょう。

1.2 関数について学ぼう

●関数について考える

　微分を考えるときには、対応というものについて考えることが重要です。これから時刻や距離との対応、時刻や速度との対応などについて考えていくことになります。そこで対応というものについて注意深く考えていきましょう。

　まず、ある値 x に対して値 y を対応させることを考えてみてください。このとき、

x に対して y が**ただ 1 つ**に決まる

という対応について考えることにします。

　たとえば、ある実数 x に 1 を加算したものを y とするという対応を考えてみましょう。このとき $x=1$ に対して $y=2$ が決まり、$x=2$ に対して $y=3$ が決まるでしょう。

> x の値に対して 1 つの y の値が決まる対応を考えます

　このように x に対して y がただ 1 つに決まる対応があるとき、この対応を**関数**と呼んでいます。「y は x の関数である」と呼ぶこともあります。x のとりうる値の範囲を**定義域**、y のとりうる値の範囲を**値域**といいます。

　たとえば実数 x に 1 を加算したものを y とする関数は次のようにあらわされます。x の定義域は実数全体、y の値域も実数全体となります（実数についてはコラム参照）。

$$y = x + 1$$

> x の値に対して 1 つの y の値が決まる関数です

1.2 関数について学ぼう

Column／数の種類と区間

ここではxのとりうる値を実数としています。数には次のような種類が考えられていますので覚えておくとよいでしょう。

種類	内容	例
自然数	正の整数	$1, 2 \cdots$
整数	自然数・0・負の数	$-2, -1, 0, 1, 2 \cdots$
有理数	整数・有限小数・循環小数	$0.1、0.11111111\cdots$
無理数	循環しない小数	$\sqrt{2}$
実数	有理数と無理数	

また定義域や値域などで数値の区間を表す場合には$[a, b]$を使います。なお端点を含まない区間は(a, b)を使います。限りなく大きい（小さい）ことを示す記号として$+\infty$（$-\infty$）を使うこともできます。

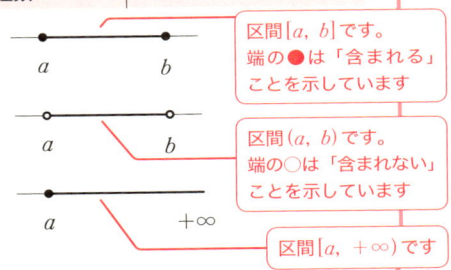

区間$[a, b]$です。端の●は「含まれる」ことを示しています

区間(a, b)です。端の○は「含まれない」ことを示しています

区間$[a, +\infty)$です

●関数を一般的に書きあらわす

より一般的に、xからyへの対応をあらわす規則を、fやgなどの文字であらわすこともあります。fやgという規則で変換した結果を$f(x)$や$g(x)$とあらわします。そしてxを変換した結果である$f(x)$や$g(x)$をyの値とするのです。

このため、関数は一般的に次のように記述されることがあります。

$$y = f(x)$$

xを変換した結果をyとします

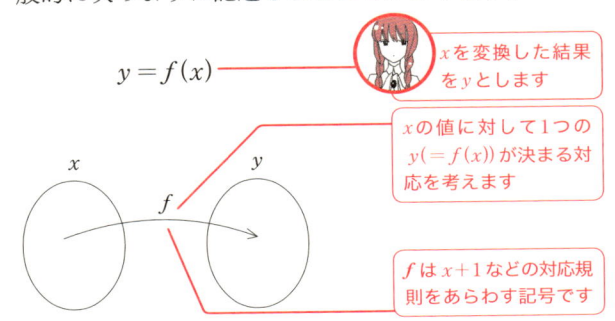

xの値に対して1つの$y(=f(x))$が決まる対応を考えます

fは$x+1$などの対応規則をあらわす記号です

Column／いろいろな対応

前の節で紹介した物体の時刻と距離の関係についても考えてみてください。
ある時刻が決まればそのときの物体の移動距離は1つに決まります。ですから、時刻をxと移動距離yと考えれば、時刻と移動距離の対応も関数と考えることができます。これらの関係も$y=f(x)$としてあらわすことができるでしょう。

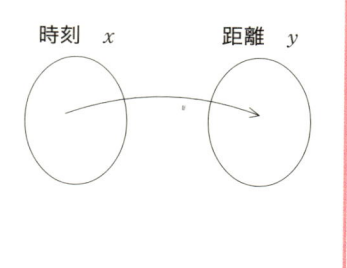

◉簡単な関数を調べてみよう

さて、関数は$y=x+1$という対応のほかにもさまざまな種類が考えられます。そこで、簡単な関数を紹介しておきましょう。

■1次関数

よく知られている関数として**1次関数**があります。たとえばxに対して$ax+b$となるyの値を対応させるのです。

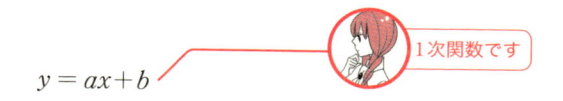

$$y=ax+b$$

1次関数です

xが0のときにyは$a\cdot 0+b=b$、xが1のときにyは$a\cdot 1+b=a+b$が対応することになります。

横軸にx、縦軸にyをとって対応を記述すると、関数のグラフを書くことができます。

1次関数のグラフは直線になります。グラフをたどってxと対応させられるyの値について確認してみてください。

1.2 関数について学ぼう

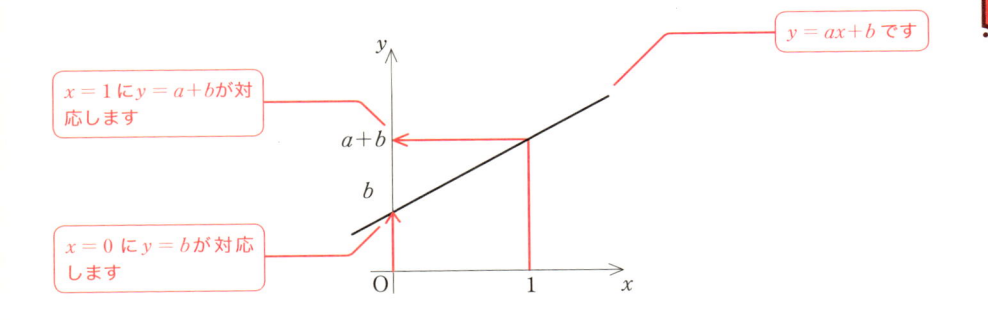

[図: $y = ax + b$ のグラフ。$x = 0$ に $y = b$ が対応します。$x = 1$ に $y = a+b$ が対応します。]

■2次関数

xに対してxの2次式を対応させる場合があります。これを**2次関数**といいます。たとえばxに対してx^2となるyの値を対応させる2次関数は次のようになります。

$$y = x^2 \quad \text{（2次関数です）}$$

xが1のときにyは$1 \times 1 = 1$、xが-1のときにyは$(-1) \times (-1) = 1$となるわけです。

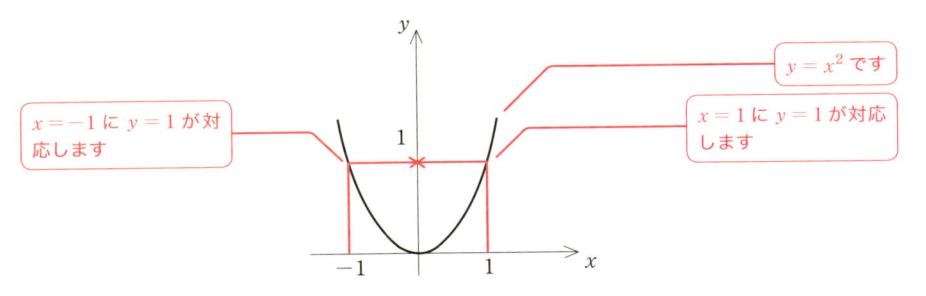

[図: $y = x^2$ のグラフ。$x = -1$ に $y = 1$ が対応します。$x = 1$ に $y = 1$ が対応します。]

●関数をグラフであらわしてみよう

さて、関数$f(x)$のグラフがどのような形をしているのかについて考えることには意義があります。たとえば1次関数をあらわすグラフは直線となっています。これは1次関数をあらわすグラフ上のどの場所でもグラフの傾きが一定であるということもできます。

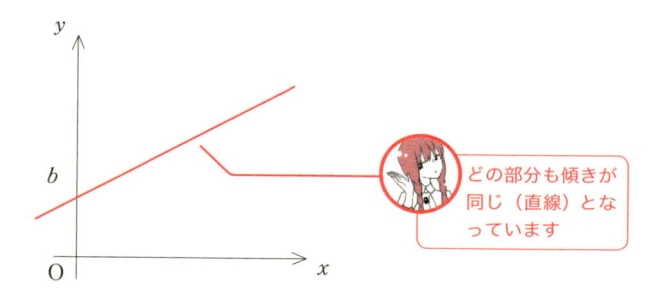

（どの部分も傾きが同じ（直線）となっています）

　2次関数のグラフは曲線であるので、グラフ上の点において接線をひき、この接線の傾きを考えてみましょう。接線の傾きはグラフ上の点の位置によって変わっていくでしょう。
　このように、接線の様子によってグラフの形にある程度の見当をつけることができます。

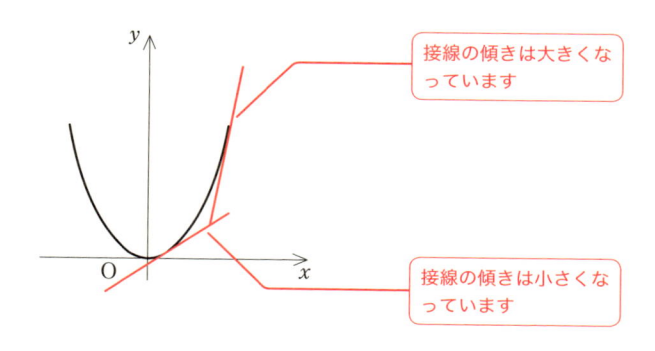

（接線の傾きは大きくなっています）

（接線の傾きは小さくなっています）

1.3 微分をはじめよう

◉関数のグラフから考えよう

　グラフに対してひける接線の様子によって、グラフの形について見当をつけてみました。そこで、関数のグラフに接する接線の傾きについて、もう少し詳しく考えてみることにしましょう。接線の傾きを考えるにはどうしたらよいでしょうか？

　ここで、グラフ上の $x=a$ である点と、そこから少しはなれた位置にある $x=a+h$ である点を結んだ直線について考えてみてください。この直線の傾きは次のようになっています。

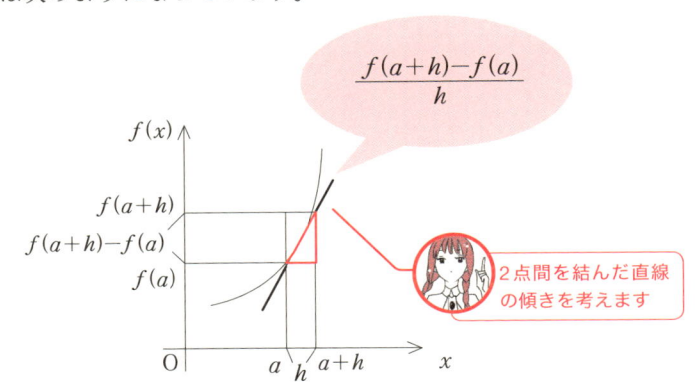

$$\frac{f(a+h)-f(a)}{h}$$

2点間を結んだ直線の傾きを考えます

　このとき、2点間の幅である h の値を0に限りなく近づけていきます。するとこれまで取り上げたような一般的な関数のグラフでは、直線の傾きは一定の値に近づいていくでしょう。この値を $x=a$ における $y=f(x)$ のグラフの接線の傾きをあらわすと考えることにします。

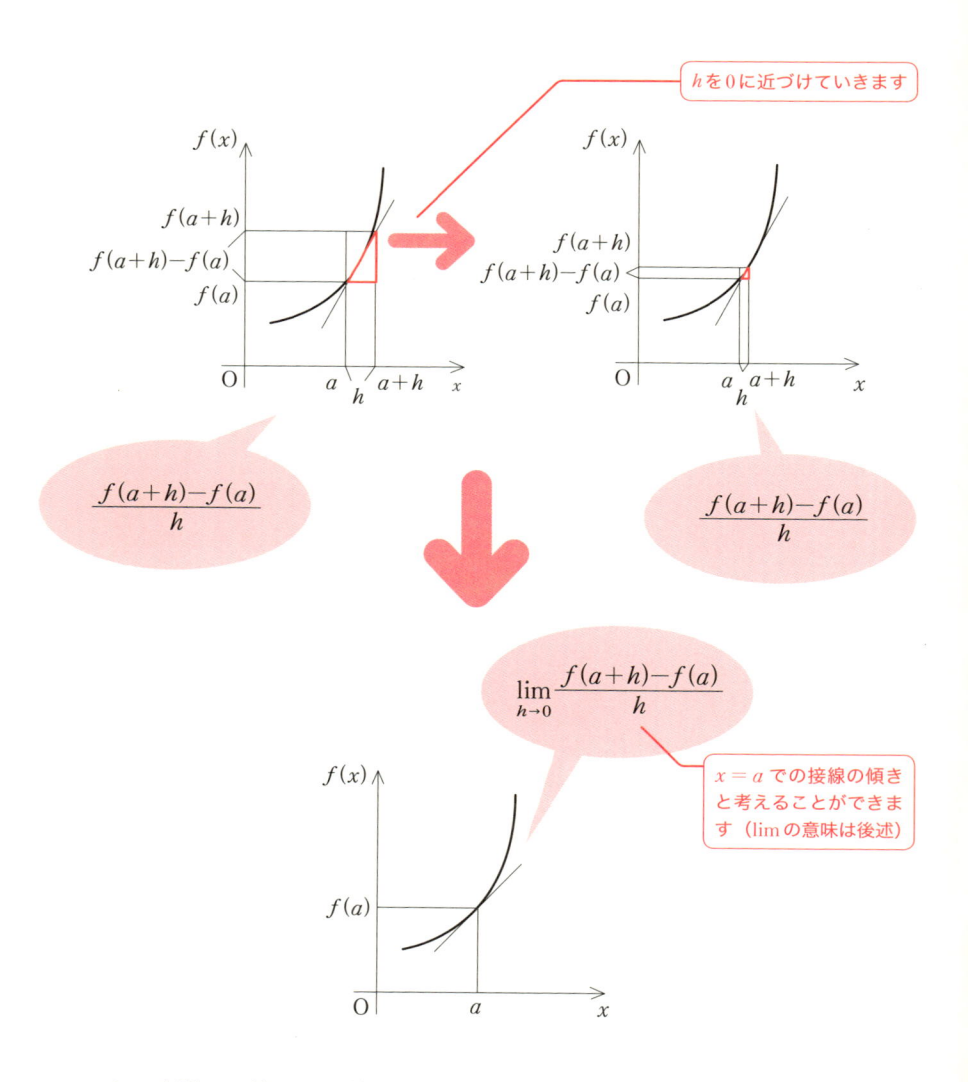

*h*を0に近づけていきます

$$\frac{f(a+h)-f(a)}{h}$$

$$\frac{f(a+h)-f(a)}{h}$$

$$\lim_{h \to 0} \frac{f(a+h)-f(a)}{h}$$

$x=a$ での接線の傾きと考えることができます（limの意味は後述）

　ある変数*x*の値をある値*a*に限りなく近づけたときに、$f(x)$がある値*b*に限りなく近づいていく場合、*b*を**極限値**と呼びます。

h を 0 に近づけた場合に $\dfrac{f(a+h)-f(a)}{h}$ の極限値が存在するとき、すなわち $x=a$ となる点で接線がただ 1 つに決まるとき、この関数 $f(x)$ は a において**微分可能である**といいます。

極限値は記号 lim を使ってあらわされます。ここで紹介した極限値は a における**微分係数**と呼ばれます。微分係数は $x=a$ での接線の傾きとなっています。

微分係数

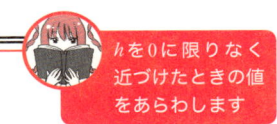

$$\lim_{h \to 0} \dfrac{f(a+h)-f(a)}{h}$$

h を 0 に限りなく近づけたときの値をあらわします

Column ／ h は 0 ではない僅かな値

ここでは h を限りなく 0 に近づけていますが、h は 0 とはならないことに注意してください。微分係数は h で割った値として極限値を求めています。数値を 0 で割ることはできないことに注意しておいてください。

●微分係数を計算してみる

それでは微分係数は実際にどのような値になるのでしょうか。実際に計算してみましょう。

■1次関数の微分係数

たとえば次の1次関数について考えてみてください。

$$y = x$$

$x=1$、$x=2$ について、微分係数を求めてみましょう。
$x=1$ のときは次のようになります。

> 微分係数の定義
> $$\lim_{h \to 0} \frac{f(a+h)-f(a)}{h}$$
> から求めます

> h/h で、h が消えます

$$\lim_{h \to 0} \frac{f(1+h)-f(1)}{h} = \lim_{h \to 0} \frac{(1+h)-1}{h} = \lim_{h \to 0} \frac{h}{h} = \lim_{h \to 0} 1 = 1$$

$x=2$ のときは次のようになります。

> 同じく微分係数の定義から求めます

$$\lim_{h \to 0} \frac{f(2+h)-f(2)}{h} = \lim_{h \to 0} \frac{(2+h)-2}{h} = \lim_{h \to 0} \frac{h}{h} = \lim_{h \to 0} 1 = 1$$

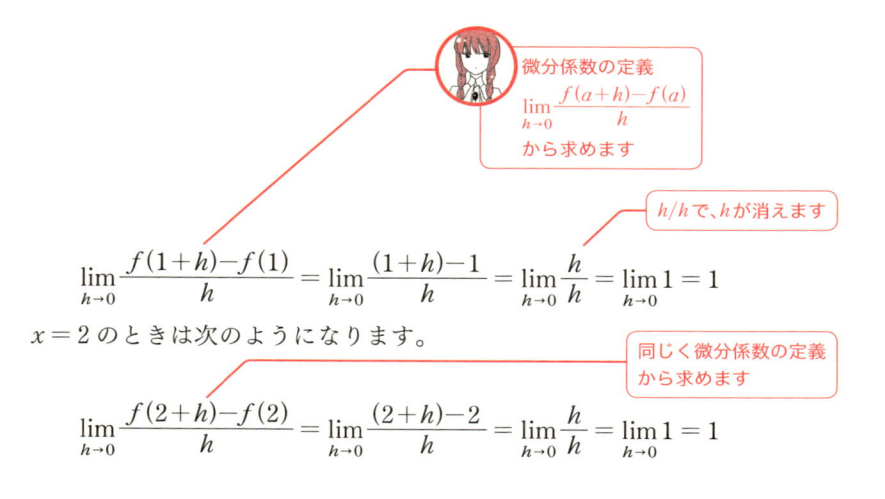

　計算してみると、この1次関数の微分係数は、グラフ上のどこでも1となるらしい、ということがわかります。これは1次関数のグラフの傾きがどこでも一定（ここでは1）であるということに合致しているでしょう。

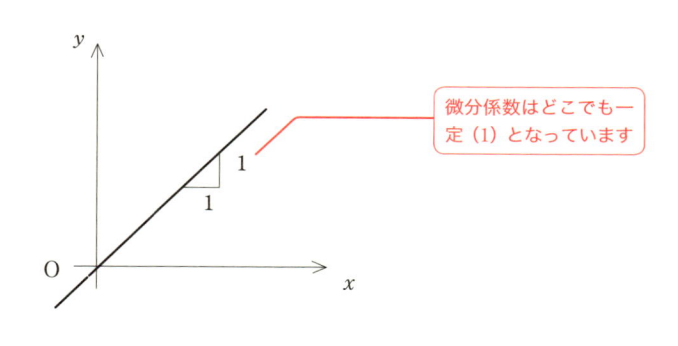

> 微分係数はどこでも一定（1）となっています

例題 $y=2x$ について、$x=1$ と $x=2$ における微分係数を求めよ。

解答 $x=1$ のときは次のようになります。

> 微分係数の定義です

$$\lim_{h \to 0} \frac{f(1+h)-f(1)}{h} = \lim_{h \to 0} \frac{(2 \cdot (1+h))-2 \cdot 1}{h} = \lim_{h \to 0} \frac{2h}{h} = \lim_{h \to 0} 2 = 2$$

$x=2$ のときは次のようになります。

> 微分係数の定義です

$$\lim_{h\to 0}\frac{f(2+h)-f(2)}{h}=\lim_{h\to 0}\frac{(2\cdot(2+h))-2\cdot 2}{h}=\lim_{h\to 0}\frac{2h}{h}=\lim_{h\to 0}2=2$$

つまり、どこでも 2 となっているらしいことがわかります。

■2次関数の微分係数

それでは 2 次関数の場合はどうでしょうか。たとえば次の 2 次関数を考えてみましょう。

$$y=x^2$$

$x=1$ のときは次のようになります。

$$\lim_{h\to 0}\frac{f(1+h)-f(1)}{h}=\lim_{h\to 0}\frac{(1+h)^2-1^2}{h}$$
$$=\lim_{h\to 0}\frac{1+2h+h^2-1}{h}=\lim_{h\to 0}\frac{2h+h^2}{h}=\lim_{h\to 0}\frac{h(2+h)}{h}=\lim_{h\to 0}(2+h)=2$$

> $(2+h)$ の h を限りなく 0 に近づけるので、2 に近づきます

$x=2$ のときは次のようになります。

$$\lim_{h\to 0}\frac{f(2+h)-f(2)}{h}=\lim_{h\to 0}\frac{(2+h)^2-2^2}{h}$$
$$=\lim_{h\to 0}\frac{4+4h+h^2-4}{h}=\lim_{h\to 0}\frac{4h+h^2}{h}=\lim_{h\to 0}\frac{h(4+h)}{h}=\lim_{h\to 0}(4+h)=4$$

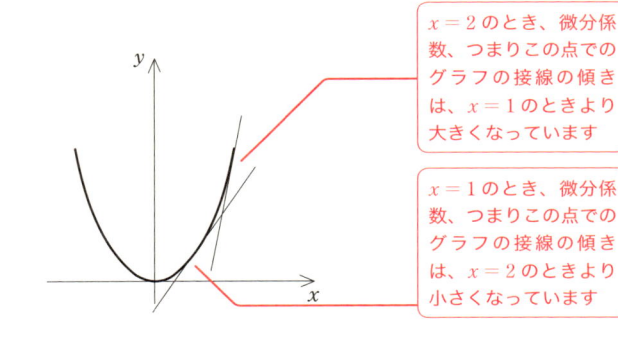

> $x=2$ のとき、微分係数、つまりこの点でのグラフの接線の傾きは、$x=1$ のときより大きくなっています

> $x=1$ のとき、微分係数、つまりこの点でのグラフの接線の傾きは、$x=2$ のときより小さくなっています

この 2 次関数では、x が増加すると傾きが大きくなっているらしいことがわかります。

例題 $y=x^2$ について、$x=-1$ と $x=-2$ における微分係数を求めよ。

解答 $x=-1$ のときは次のようになります。

$$\lim_{h \to 0} \frac{f((-1)+h)-f(-1)}{h} = \lim_{h \to 0} \frac{((-1)+h)^2-(-1)^2}{h}$$
$$= \lim_{h \to 0} \frac{1-2h+h^2-1}{h} = \lim_{h \to 0} \frac{-2h+h^2}{h}$$
$$= \lim_{h \to 0} \frac{-h(2-h)}{h} = \lim_{h \to 0} -(2-h) = -2$$

$x=-2$ のときは次のようになります。

$$\lim_{h \to 0} \frac{f((-2)+h)-f(-2)}{h} = \lim_{h \to 0} \frac{((-2)+h)^2-(-2)^2}{h}$$
$$= \lim_{h \to 0} \frac{4-4h+h^2-4}{h} = \lim_{h \to 0} \frac{-4h+h^2}{h}$$
$$= \lim_{h \to 0} \frac{-h(4-h)}{h} = \lim_{h \to 0} -(4-h) = -4$$

x の値によって傾きが異なっていることを確認してみてください。

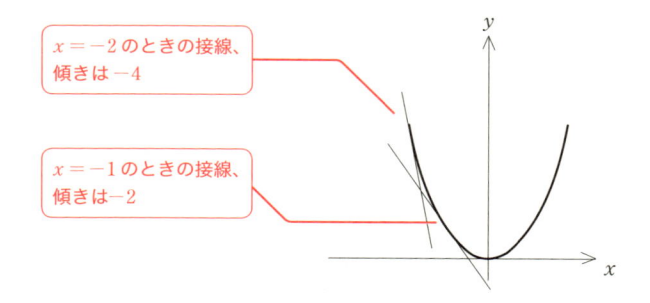

$x=-2$ のときの接線、傾きは -4

$x=-1$ のときの接線、傾きは -2

Column／速度について考える

物体の速度についてもう一度考えてみましょう。
一般的に、速度は（移動後の距離－移動前の距離）÷時間とあらわされます。つまり時刻 x と距離 y が関数 $y=f(x)$ としてあらわされると考えると、$\dfrac{f(a+h)-f(a)}{h}$ は a 時点から $a+h$ 時点の間においての、物体の平均的な速度と考えることができます。

$$\dfrac{f(a+h)-f(a)}{h}$$

$$\dfrac{f(a+h)-f(a)}{h}$$

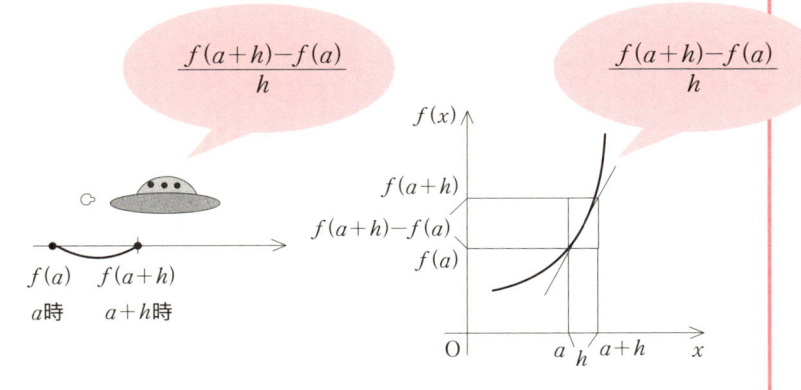

また、$x=a$ での微分係数は、a 時点での瞬間的な速度と考えることができます。いろいろな動きをする物体とその速度を感じてみてください。

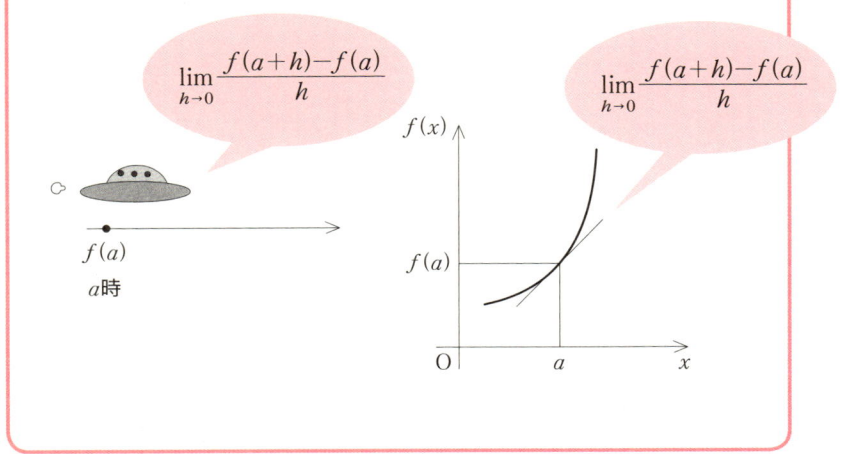

$$\lim_{h \to 0} \dfrac{f(a+h)-f(a)}{h}$$

$$\lim_{h \to 0} \dfrac{f(a+h)-f(a)}{h}$$

1.4 導関数を学ぼう

●導関数を求めてみよう

微分係数についてふれてみました。ここでもう1度「関数」に戻って考えることにしましょう。

関数は、xについてyの値がただ1つに決まる対応を意味していました。そこで今度は、「すべてのxについて**その微分係数**をyとして対応させる」ということを考えてみましょう。たとえば、

$$x = a \text{という値に } y = \lim_{h \to 0} \frac{f(a+h) - f(a)}{h} \text{ を対応させる}$$

のです。ただしここでは定義域に属するすべてのxにおいて微分可能であるものとします。

このような対応もまた、新たな「関数」と考えることができるでしょう。そこでこの関数fに「′」という記号をつけて$f'(x)$とあらわすことにします。

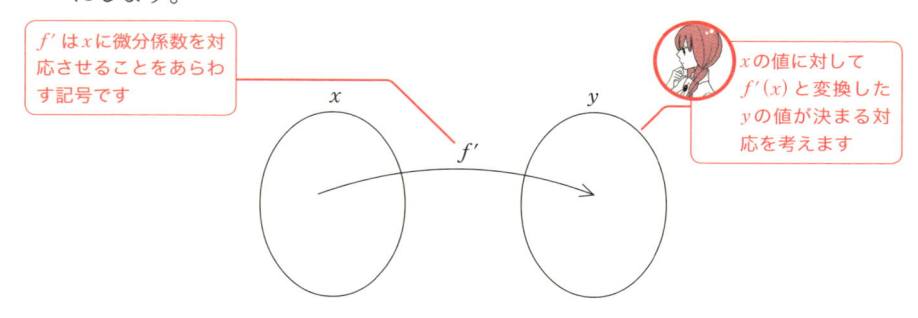

f'はxに微分係数を対応させることをあらわす記号です

xの値に対して$f'(x)$と変換したyの値が決まる対応を考えます

このとき、$y = f'(x)$を**導関数**と呼びます。すなわち、導関数は次のようになります。

> **導関数**
>
> $$f'(x) = \lim_{h \to 0} \frac{f(x+h)-f(x)}{h}$$

一般的に、ある関数 $y = f(x)$ の導関数 $y' = f'(x)$ を求めることを、

関数 $f(x)$ を x について微分する

と呼んでいます。それでは微分を行って導関数を求めてみましょう。

■1次関数の導関数

たとえば前出の $y = x$ の導関数について考えてみましょう。

$$f'(x) = \lim_{h \to 0} \frac{f(x+h)-f(x)}{h} = \lim_{h \to 0} \frac{(x+h)-x}{h} = 1$$

導関数は $f'(x) = 1$、すなわち $y = 1$ となっています。

■2次関数の導関数

前出の $y = x^2$ の導関数について考えてみましょう。

$$f'(x) = \lim_{h \to 0} \frac{f(x+h)-f(x)}{h} = \lim_{h \to 0} \frac{(x+h)^2 - x^2}{h} = \lim_{h \to 0} \frac{x^2 + 2xh + h^2 - x^2}{h}$$

$$= \lim_{h \to 0} \frac{2xh + h^2}{h} = \lim_{h \to 0} \frac{h(2x+h)}{h} = \lim_{h \to 0} (2x + h) = 2x$$

導関数は $f'(x) = 2x$、すなわち $y = 2x$ となっています。

1次関数では定数になっており、2次関数では x の1次式になっているらしいことをつかんでみてください。

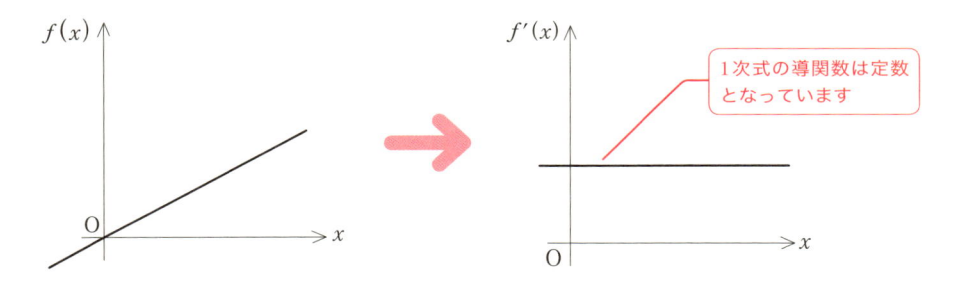

> 1次式の導関数は定数となっています

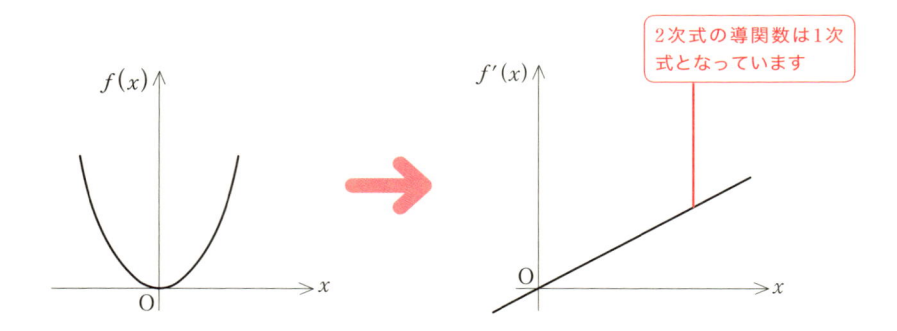

2次式の導関数は1次式となっています

Column / 時刻と距離の関数の微分とは?

物体の速度についてふりかえってみましょう。
時刻xと距離yの関数$y=f(x)$上のある時点での微分係数は、その時点の瞬間的な速度をあらわしていました。つまり、時刻とその時刻の瞬間的な速度を対応させたものが導関数$y=f'(x)$ということになります。
したがって、時刻と距離の関数の導関数は、時刻と速度の関数ということになるのです。

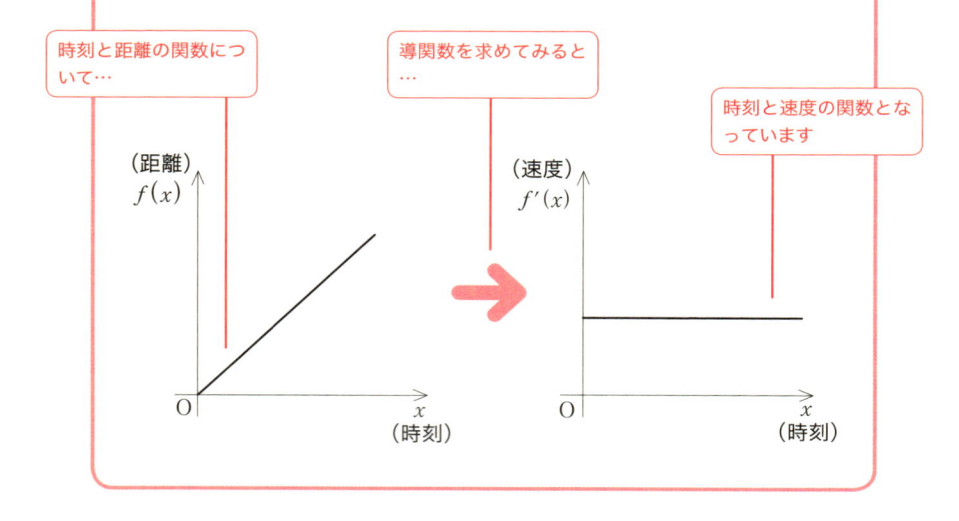

時刻と距離の関数について…

導関数を求めてみると…

時刻と速度の関数となっています

●微分の意味を記号であらわす

さて「関数 $f(x)$ を x について微分する」ことについてもう少し考えてみましょう。この章ではグラフ上のある点における接線の傾きを求めるために微分を考えてみましたが、接線の傾きを求めるということは、「x を少しだけ（h だけ）変化させたときに $f(x)$ が変化する割合を求める」ことになっているとも考えられます。

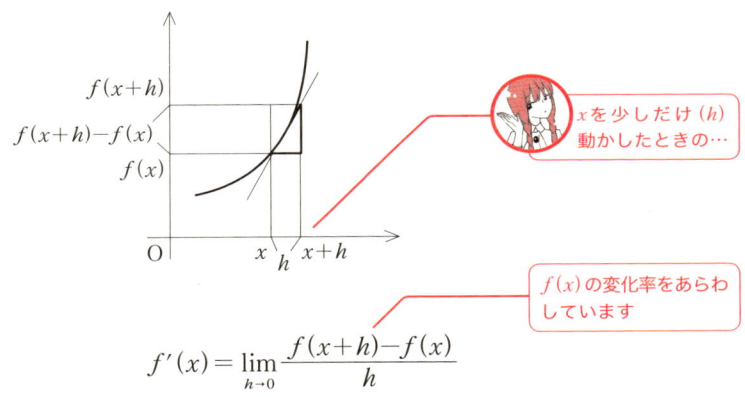

> x を少しだけ（h）動かしたときの…

> $f(x)$ の変化率をあらわしています

$$f'(x) = \lim_{h \to 0} \frac{f(x+h) - f(x)}{h}$$

「x を少しだけ変化させたときの $f(x)$ の変化率をあらわす」という意味を強調して、上式の左辺である $f'(x)$ を、次の記号であらわすこともあります。

> dx（微小な x）で割ることで…

> $f(x)$ の瞬間的な変化率をあらわしています

$$\frac{d}{dx} f(x)$$

d は僅かな値をあらわす意味をもっています。そこで僅かに x が変化したときの量（dx）で変化量（$df(x)$）を割った瞬間的な変化率をこの記号であらわすのです。

同様に、f の変化率、y の変化率をあらわすという意味で次の記号を使うこともあります。

> f の変化率をあらわしています

$$\frac{df}{dx} \quad \frac{dy}{dx}$$

> y の変化率をあらわしています

これらの記号はすべて $f'(x)$ と同じように使います。微分を行う上で大切な記号となるので覚えておきましょう。

> **練習**
> 次の関数を微分せよ。
> 1) $y=2x+1$ について、$x=1$ と $x=2$ における微分係数を求めよ。
> 2) $y=2x^2$ の導関数を定義から求めよ。

解答

1) $x=1$ のときは次のようになります。

$$\lim_{h \to 0} \frac{f(1+h)-f(1)}{h} = \lim_{h \to 0} \frac{(2(1+h)+1)-(2\times 1+1)}{h}$$
$$= \lim_{h \to 0} \frac{2+2h-2}{h} = \lim_{h \to 0} \frac{2h}{h} = \lim_{h \to 0} 2 = 2$$

$x=2$ のときは次のようになります。

$$\lim_{h \to 0} \frac{f(2+h)-f(2)}{h} = \lim_{h \to 0} \frac{(2(2+h)+1)-(2\times 2+1)}{h}$$
$$= \lim_{h \to 0} \frac{4+2h-4}{h} = \lim_{h \to 0} \frac{2h}{h} = \lim_{h \to 0} 2 = 2$$

2)

導関数の定義から求めます

$$f'(x) = \lim_{h \to 0} \frac{f(x+h)-f(x)}{h} = \lim_{h \to 0} \frac{2(x+h)^2-2x^2}{h}$$
$$= \lim_{h \to 0} \frac{2x^2+4xh+2h^2-2x^2}{h} = \lim_{h \to 0} \frac{4xh+2h^2}{h}$$
$$= \lim_{h \to 0} \frac{h(4x+2h)}{h} = \lim_{h \to 0} (4x+2h) = 4x$$

●接線の方程式を知っておこう

さて、微分係数 $f'(a)$ は関数 $f(x)$ の $x = a$ での接線の傾きをあらわしています。この接線は点 $(a, f(a))$ を通ることに注意してください。そこで、$x = a$ での接線の方程式は次のように書くことができます。

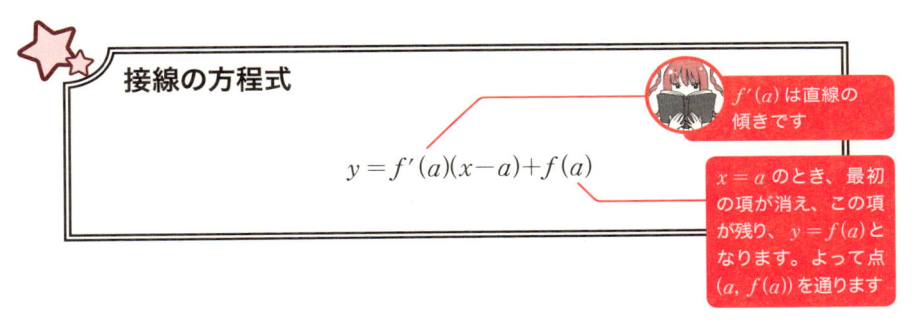

接線の方程式

$$y = f'(a)(x - a) + f(a)$$

$f'(a)$ は直線の傾きです

$x = a$ のとき、最初の項が消え、この項が残り、$y = f(a)$ となります。よって点 $(a, f(a))$ を通ります

点 $(a, f(a))$ を通ることから、x に a、y に $f(a)$ を代入したときに成り立ち、かつ傾き $f'(a)$ をもつ直線となることを確認してみてください。

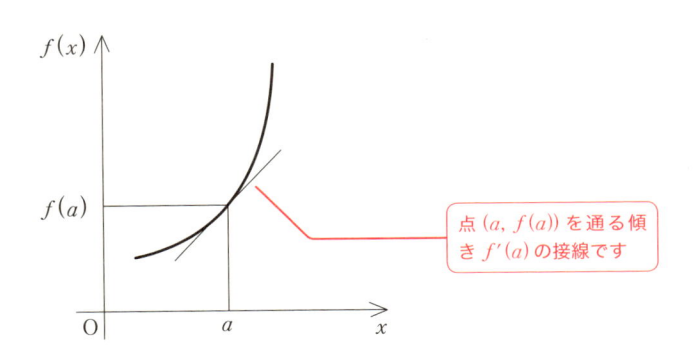

点 $(a, f(a))$ を通る傾き $f'(a)$ の接線です

1.5 和と差の公式を学ぼう

●微分の計算をしていくために

　微分を行い、導関数を求めることができたでしょうか。これから私たちはいろいろな導関数を求めていきます。つまり、関数の微分を行っていくわけです。

　このとき、いつも導関数の定義に戻って計算するのは不便でしょう。導関数をもっと簡単に計算することができれば便利です。

　導関数の定義から、いくつかの便利で使いやすい公式を導いておくことができます。公式を使うことで、いろいろな関数から簡単に導関数を求めることができるようになります。そこで、微分に関するいくつかの公式を確認してみることにしましょう。

●定数の扱いを知る

　まず、関数が、ある関数の定数倍となっている場合に、定数に関する微分公式を使うことができます。

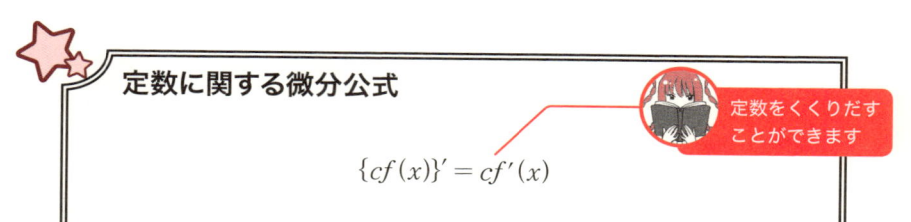

定数に関する微分公式

$$\{cf(x)\}' = cf'(x)$$

定数をくくりだすことができます

　定数に関する微分公式を確認してみましょう。この公式は導関数の定義から証明することができます。定義に戻って確認してみてください。

1.5 和と差の公式を学ぼう

例題 定数に関する微分公式を証明せよ。

解答 定数に関する微分公式の左辺から出発し、右辺を導出します。定義に戻って確認してみましょう。

（左辺から出発します）
（導関数の定義に戻って確認してみましょう）

$$\{cf(x)\}' = \lim_{h \to 0} \frac{cf(x+h) - cf(x)}{h}$$
$$= \lim_{h \to 0} \frac{c\{f(x+h) - f(x)\}}{h} = c \lim_{h \to 0} \frac{f(x+h) - f(x)}{h} = cf'(x)$$

（cをくくりだすことができます）
（$f(x)$の微分です）
（右辺にたどりつきました）

Column / 極限の計算

微分公式では、極限の計算によって公式を確認していきます。関数の極限は次のように計算できます。これらの公式を使って計算していきましょう。

極限の計算

$\lim_{x \to a} f(x) = \alpha$、$\lim_{x \to a} g(x) = \beta$ であるとき、次の式が成り立つ。

$$\lim_{x \to a} cf(x) = c \lim_{x \to a} f(x) = c\alpha$$

$$\lim_{x \to a} \{f(x) \pm g(x)\} = \lim_{x \to a} f(x) \pm \lim_{x \to a} g(x) = \alpha \pm \beta$$

$$\lim_{x \to a} \{f(x)g(x)\} = \lim_{x \to a} f(x) \lim_{x \to a} g(x) = \alpha\beta$$

$$\lim_{x \to a} \frac{f(x)}{g(x)} = \frac{\lim_{x \to a} f(x)}{\lim_{x \to a} g(x)} = \frac{\alpha}{\beta} \quad (g(x) \neq 0)$$

実際に公式が成り立つことを問題で確認してみましょう。

例題 関数 $y=2x$ について、関数 $y=x$ の導関数が $y'=1$ であることがわかっているものとして定数の公式を使って微分せよ。

解答 定数の公式を使って微分してみましょう。

> 定数の公式から導くことができます

$$y' = (2x)' = 2(x)' = 2 \cdot 1 = 2$$

$y'=2$ であることがわかります。
このことを確認するため、導関数の定義に戻って計算してみると、次のようになります。

> 導関数の定義からも求めてみましょう

$$y' = (2x)' = \lim_{h \to 0}\frac{f(x+h)-f(x)}{h} = \lim_{h \to 0}\frac{2(x+h)-2x}{h}$$
$$= \lim_{h \to 0}\frac{2h}{h} = \lim_{h \to 0} 2 = 2$$

やはり $y'=2$ であることがわかります。定義から求めたものと同じであることを確認してみてください。

●和・差の微分公式を覚えよう

関数が、複数の関数の和・差からなるときには、和・差の微分公式を使うことができます。和・差の微分公式は次のようになっています。

和・差の微分公式

$$\{f(x) \pm g(x)\}' = f'(x) \pm g'(x)$$

> それぞれの導関数の和・差として計算することができます

例題 和・差の微分公式を証明せよ。

解答 定数の公式と同様に定義に戻って確認します。式を変形していきましょう。

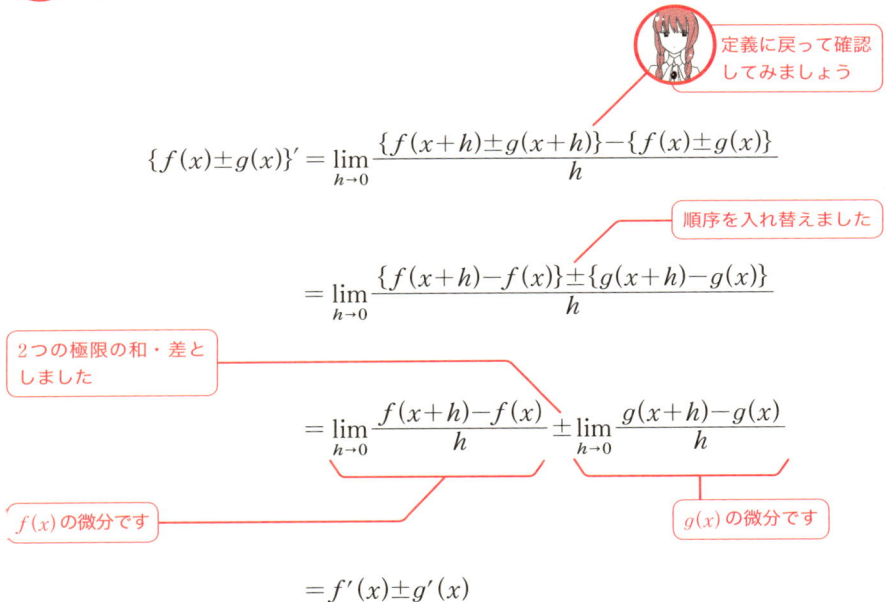

> 定義に戻って確認してみましょう

$$\{f(x) \pm g(x)\}' = \lim_{h \to 0} \frac{\{f(x+h) \pm g(x+h)\} - \{f(x) \pm g(x)\}}{h}$$

> 順序を入れ替えました

$$= \lim_{h \to 0} \frac{\{f(x+h) - f(x)\} \pm \{g(x+h) - g(x)\}}{h}$$

> 2つの極限の和・差としました

$$= \lim_{h \to 0} \frac{f(x+h) - f(x)}{h} \pm \lim_{h \to 0} \frac{g(x+h) - g(x)}{h}$$

> $f(x)$ の微分です　　$g(x)$ の微分です

$$= f'(x) \pm g'(x)$$

確かに和・差の公式が成り立っています。

●簡単な多項式を微分しよう

　定数・和・差の微分の公式を使えば、$a_n x^n + \cdots$ という形式で書ける式（多項式）の微分が簡単になります。$y = x$ の導関数が $y' = 1$、$y = x^2$ の導関数が $y' = 2x$ であったことを用いて、次の練習を確認してみてください。

練習
次の関数を微分せよ。
1) $y = 3x^2$
2) $y = 3x^2 + 2x$

解答

1) $(3x^2)' = 3(x^2)' = 3 \cdot 2x = 6x$

　　　　　　　　　　　定数の公式を使います

2) $(3x^2 + 2x)' = (3x^2)' + (2x)' = 6x + 2$

　　　　　　　　　　　和の公式を使います

Column／多項式

次の形の式を、x の n 次式といいます。定数の公式や和・差の公式によって、多項式の微分を簡単に行うことができます。

$$a_n x^n + a_{n-1} x^{n-1} + a_{n-2} x^{n-2} + \cdots + a_0 x^0$$

●n乗の微分公式を使おう

さて、定義から実際に計算して求めた $y = x$ や $y = x^2$ の導関数を用いて微分を行いました。しかし、常に導関数の定義に戻って微分を行うのは大変です。一般的に x の n 乗（n 次の項）の微分は、次の公式によって求めることができます。

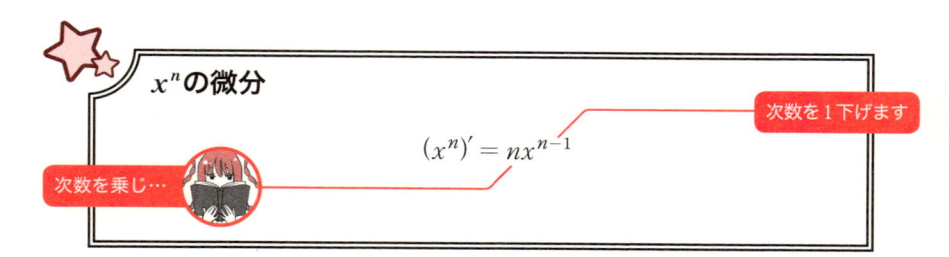

x^n の微分

$$(x^n)' = nx^{n-1}$$

次数を乗じ…　　　　　次数を1下げます

30

1.5 和と差の公式を学ぼう

n乗の微分はxの次数を1下げた項にnを乗じたものとなっています。

この公式があれば、多項式の微分を簡単に求めることができます。次の例題で確認してみてください。

例題 導関数を公式から求めよ。
1) $y = 2x$
2) $y = 2x^2$
3) $y = 2x^2 + 1$

解答 公式から確認してみましょう。

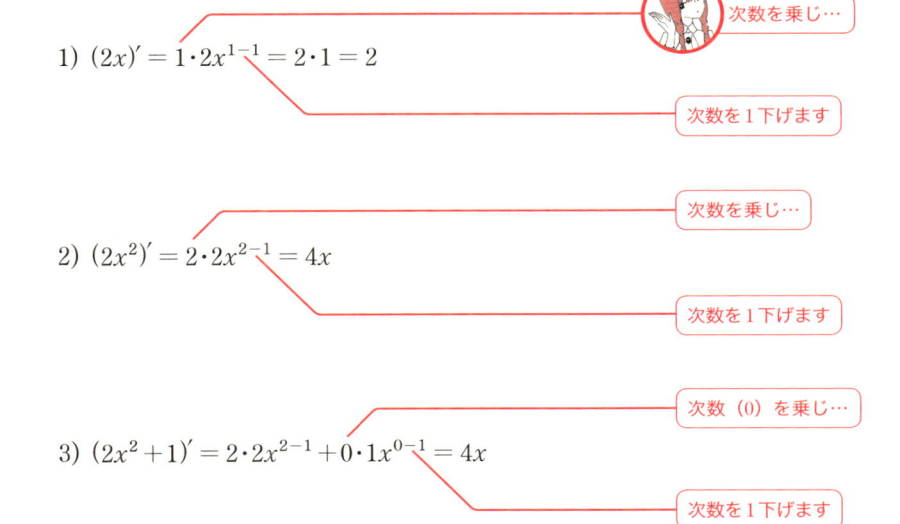

1) $(2x)' = 1 \cdot 2x^{1-1} = 2 \cdot 1 = 2$

次数を乗じ…

次数を1下げます

2) $(2x^2)' = 2 \cdot 2x^{2-1} = 4x$

次数を乗じ…

次数を1下げます

3) $(2x^2 + 1)' = 2 \cdot 2x^{2-1} + 0 \cdot 1x^{0-1} = 4x$

次数（0）を乗じ…

次数を1下げます

なお定数項（0次の項）は0を乗じることになりますので、無視することができます。

もう少し練習してみることにしましょう。

練習
次の関数を微分せよ。
1) $y = 3x^3 - 4x$
2) $y = -5x^2 + 2x + 1$
3) $y = 10x^2 - 5x + 3$

解答
公式から求めることにします。よく確認してみてください。

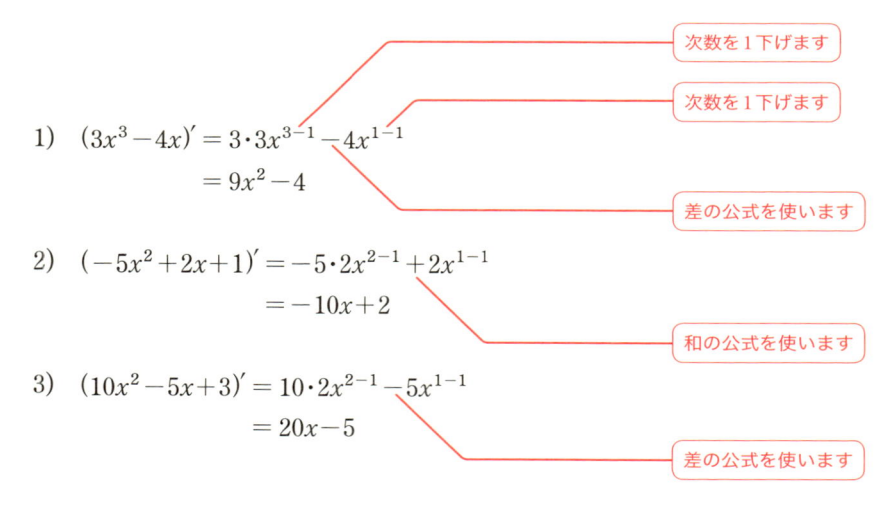

1) $(3x^3 - 4x)' = 3 \cdot 3x^{3-1} - 4x^{1-1}$
$= 9x^2 - 4$

 （次数を1下げます／次数を1下げます／差の公式を使います）

2) $(-5x^2 + 2x + 1)' = -5 \cdot 2x^{2-1} + 2x^{1-1}$
$= -10x + 2$

 （和の公式を使います）

3) $(10x^2 - 5x + 3)' = 10 \cdot 2x^{2-1} - 5x^{1-1}$
$= 20x - 5$

 （差の公式を使います）

1.6 積と商の公式を学ぼう

●積の微分公式を考えよう

さて、n 乗の微分公式が成り立つことを証明するためには、積の微分公式を知っておくと便利です。和・差の微分公式とあわせて覚えることにしましょう。

関数が2つの関数の積であらわせるときには、積の微分公式を使うことができます。

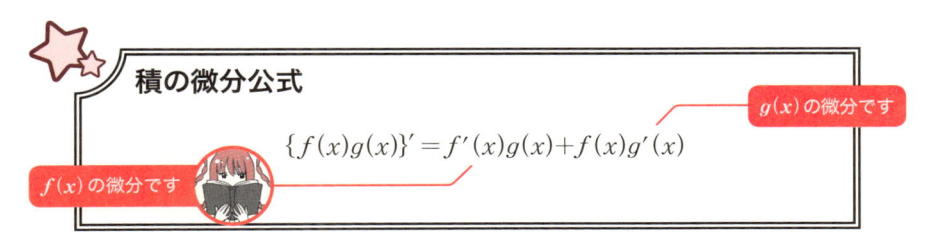

積の微分公式

$$\{f(x)g(x)\}' = f'(x)g(x) + f(x)g'(x)$$

$f(x)$ の微分です
$g(x)$ の微分です

たとえば $y = x(x+1)$ という関数であれば、x と $x+1$ の積から成り立っています。したがって $f(x) = x$、$g(x) = x+1$ として積の微分公式を使えば、$y' = (x)'(x+1) + x(x+1)'$ と計算できるわけです。

この積の微分公式が成り立つことを自分で確認しておきましょう。

例題 積の微分公式を証明せよ。

解答 定義から考えましょう。今度は導関数の定義に近づけるために減算・加算を行って証明します。

$$\{f(x)g(x)\}' = \lim_{h \to 0} \frac{\{f(x+h)g(x+h)\} - \{f(x)g(x)\}}{h}$$

> 定義から考えましょう

> 導関数の定義に近づけるために $f(x)g(x+h)$ を減算・加算してみます

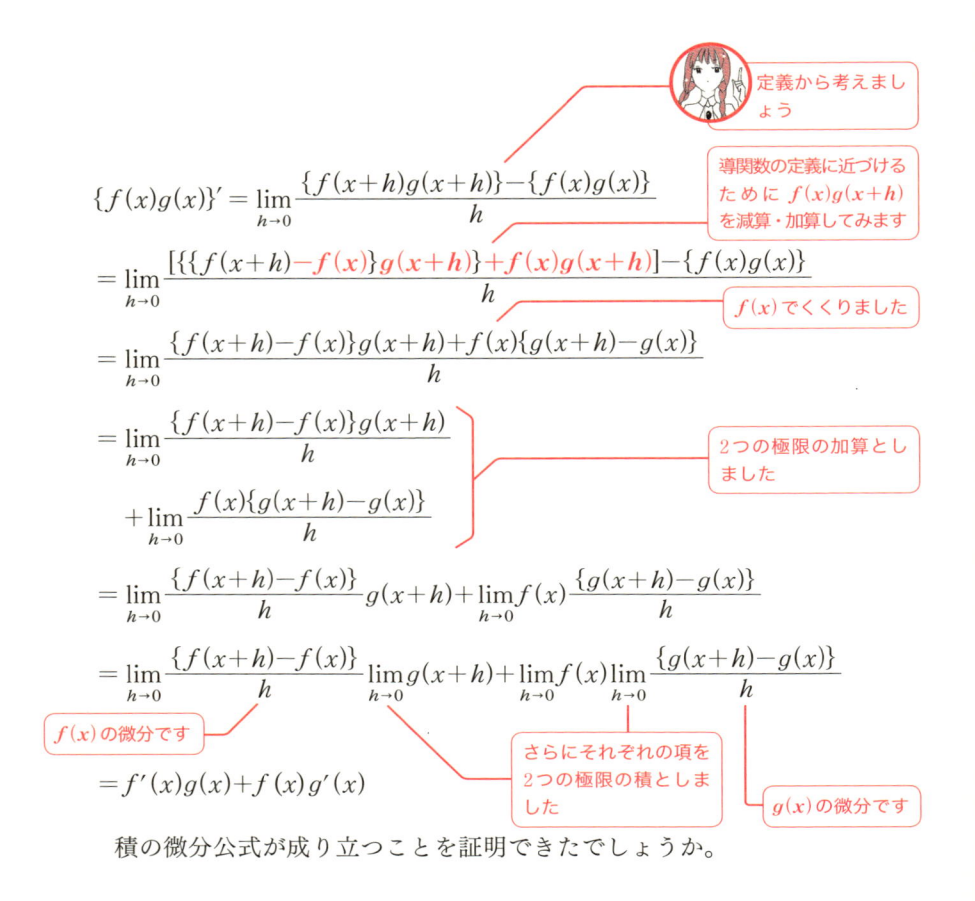

$$= \lim_{h \to 0} \frac{[\{\{f(x+h) - f(x)\}g(x+h)\} + f(x)g(x+h)] - \{f(x)g(x)\}}{h}$$

> $f(x)$ でくくりました

$$= \lim_{h \to 0} \frac{\{f(x+h) - f(x)\}g(x+h) + f(x)\{g(x+h) - g(x)\}}{h}$$

$$= \lim_{h \to 0} \frac{\{f(x+h) - f(x)\}g(x+h)}{h} + \lim_{h \to 0} \frac{f(x)\{g(x+h) - g(x)\}}{h}$$

> 2つの極限の加算としました

$$= \lim_{h \to 0} \frac{\{f(x+h) - f(x)\}}{h} g(x+h) + \lim_{h \to 0} f(x) \frac{\{g(x+h) - g(x)\}}{h}$$

$$= \lim_{h \to 0} \frac{\{f(x+h) - f(x)\}}{h} \lim_{h \to 0} g(x+h) + \lim_{h \to 0} f(x) \lim_{h \to 0} \frac{\{g(x+h) - g(x)\}}{h}$$

> $f(x)$ の微分です

> さらにそれぞれの項を2つの極限の積としました

> $g(x)$ の微分です

$$= f'(x)g(x) + f(x)g'(x)$$

積の微分公式が成り立つことを証明できたでしょうか。

●商の微分公式を考えよう

関数が2つの関数の商であらわせる場合には、次の公式を使うことができます。

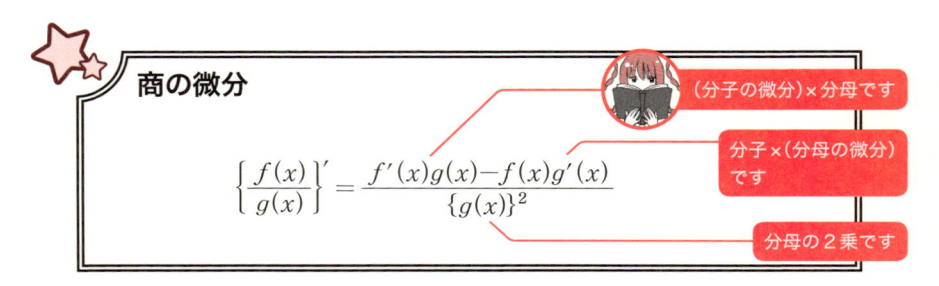

商の微分

$$\left\{\frac{f(x)}{g(x)}\right\}' = \frac{f'(x)g(x) - f(x)g'(x)}{\{g(x)\}^2}$$

> (分子の微分)×分母です

> 分子×(分母の微分)です

> 分母の2乗です

1.6 積と商の公式を学ぼう

たとえば $y = \dfrac{x}{(x+1)}$ であれば、x と $x+1$ の商から成り立っているので、$f(x)=x$、$g(x)=x+1$ として商の微分公式を使えば、$y' = \dfrac{(x)'(x+1)-x(x+1)'}{(x+1)^2}$ と計算できるわけです。

商の微分公式も確認しておきましょう。

例題 商の微分公式を証明せよ。

解答 積の微分公式と同様に、定義から考えます。導関数の定義に近づけるために減算・加算を行ってみましょう。

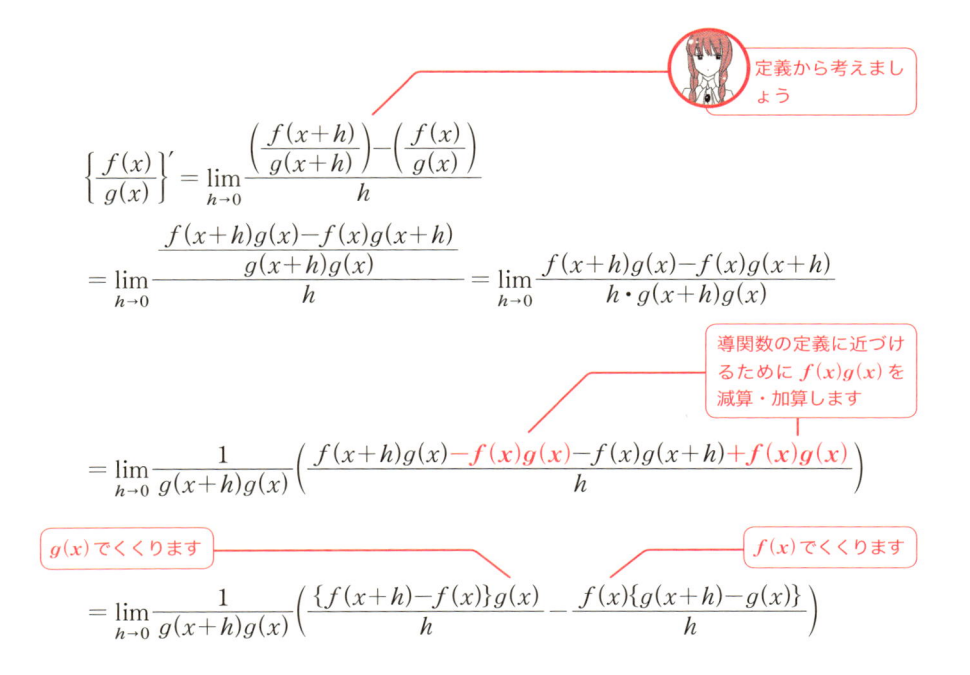

> 定義から考えましょう

$$\left\{\frac{f(x)}{g(x)}\right\}' = \lim_{h \to 0} \frac{\left(\dfrac{f(x+h)}{g(x+h)}\right) - \left(\dfrac{f(x)}{g(x)}\right)}{h}$$

$$= \lim_{h \to 0} \frac{\dfrac{f(x+h)g(x) - f(x)g(x+h)}{g(x+h)g(x)}}{h} = \lim_{h \to 0} \frac{f(x+h)g(x) - f(x)g(x+h)}{h \cdot g(x+h)g(x)}$$

> 導関数の定義に近づけるために $f(x)g(x)$ を減算・加算します

$$= \lim_{h \to 0} \frac{1}{g(x+h)g(x)} \left(\frac{f(x+h)g(x) - f(x)g(x) - f(x)g(x+h) + f(x)g(x)}{h} \right)$$

> $g(x)$ でくくります $f(x)$ でくくります

$$= \lim_{h \to 0} \frac{1}{g(x+h)g(x)} \left(\frac{\{f(x+h) - f(x)\}g(x)}{h} - \frac{f(x)\{g(x+h) - g(x)\}}{h} \right)$$

35

$$= \lim_{h \to 0} \frac{1}{g(x+h)g(x)} \left(\frac{f(x+h)-f(x)}{h} g(x) - f(x) \frac{g(x+h)-g(x)}{h} \right)$$

> この極限は $\frac{1}{g(x) \cdot g(x)}$ となります

> $f(x)$ の微分です

$$= \lim_{h \to 0} \frac{1}{g(x+h)g(x)} \left(\lim_{h \to 0} \frac{\{f(x+h)-f(x)\}}{h} \lim_{h \to 0} g(x) \right.$$
$$\left. - \lim_{h \to 0} \frac{\{g(x+h)-g(x)\}}{h} \lim_{h \to 0} f(x) \right)$$

> $g(x)$ の微分です

$$= \frac{f'(x)g(x) - f(x)g'(x)}{\{g(x)\}^2}$$

商の微分公式が成り立ちました。

● n 乗の微分公式を証明してみよう

それでは n 乗の微分公式を証明してみましょう。

例題 n が自然数であるとき、$(x^n)' = nx^{n-1}$ であることを証明せよ。

解答 この公式は数学的帰納法によって証明されます。数学的帰納法は次の①②が成り立つことを示すことで証明されます。

① $n=1$ のときにこの公式が成り立つかどうか調べます。
② $n=k$ のときに公式が成り立つとします。このとき $n=k+1$ でも公式が成り立つことを示します。

それでは①②について調べてみましょう。
① $n=1$ のときにこの公式 $(x^n)' = nx^{n-1}$ が成り立つかどうか調べます。

n に 1 を代入して、公式の左辺と右辺についてそれぞれ調べてみましょう。

> 左辺は今まで通り導関数の定義から微分を求めます

$$（公式の左辺）= (x^1)' = \lim_{h \to 0} \frac{(x+h)-x}{h} = 1$$
$$（公式の右辺）= 1 \cdot x^{1-1} = 1$$

左辺と右辺は等しくなっています。したがって $n=1$ で公式が成り立っています。すなわち①が成り立つことになります。

② $n=k$ のときに公式 $(x^n)' = nx^{n-1}$ が成り立つとします。このとき $n=k+1$ でも公式 $(x^n)' = nx^{n-1}$ が成り立つことを示します。

そこで今度は公式の n に $k+1$ を代入してみましょう。$(x^{k+1})' = (k+1)x^{k-1}$ が成り立つことを示す必要があります。
左辺は積の形になおして積の微分公式を使ってみます。また、n に k を代入した $(x^k)' = kx^{k-1}$ が成り立っていることを使うことができます。

$$（公式の左辺）= (x^{k+1})' = (x^k \cdot x)'$$

> 積の微分公式を使います

$$= (x^k)' \cdot x + x^k \cdot 1 = kx^{k-1} \cdot x + x^k = kx^k + x^k$$
$$= (k+1)x^k$$

> $(x^k)' = kx^{k-1}$ が成り立っていることを使います

$$（公式の右辺）= (k+1)x^k$$

左辺と右辺は等しくなっています。したがって、$n=k$ のとき、$n=k+1$ でも成り立つことになります。すなわち②が成り立つことになります。

さらに n が整数である時も考えてみます。

例題 n が整数であるとき、$(x^n)' = nx^{n-1}$ であることを証明せよ。

解答 次の①〜③にわけて考えてみましょう。

① n が自然数のとき
② n が 0 のとき
③ n が負の時

---

① n が自然数のときはすでに調べました。前問と証明をふりかえってみてください。

② $n = 0$ のとき公式が成り立つか調べます。
n に 0 を代入して、公式の左辺と右辺についてそれぞれ調べてみましょう。公式の左辺と右辺について調べます。

> 左辺は今まで通り導関数の定義から微分を求めます

$$(公式の左辺) = (x^0)' = (1)' = \lim_{h \to 0} \frac{f(x+h) - f(x)}{h}$$

> $f(x+h)$ も $f(x)$ も、1（定数）です

$$= \lim_{h \to 0} \frac{1-1}{h} = \lim_{h \to 0} \frac{0}{h} = 0$$

$(公式の右辺) = 0 \cdot x^{0-1} = 0$

したがって $n = 0$ で公式が成り立っています。

③ n が負の整数のとき公式が成り立つか調べます。
n が負の整数のとき $n = -m$ となる m を考えます。このとき m は自然数と考えられます。

1.6 積と商の公式を学ぼう

$$(x^n)' = (x^{-m})' = \left(\frac{1}{x^m}\right)'$$

$$= \frac{(1)' \cdot x^m - 1 \cdot (x^m)'}{(x^m)^2}$$

$$= -\frac{mx^{m-1}}{x^{2m}} = -mx^{-m-1} = nx^{n-1}$$

- 先に求めたとおり、$(1)' = 0$ となり、この項は消えます
- 負の指数は分数とすることができます
- 商の微分公式を使います

したがって n が負の整数のときも公式が成り立っています。
①〜③より n が整数のときも公式が成り立っています。

●いろいろな関数を微分しよう

さて、この節では和・差・積・商などの公式を学んできました。これまでの公式を使うと、さまざまな関数について微分することができるでしょう。最後にまとめて練習しておきましょう。

練習
次の関数を微分せよ。
1) $y = -x^4(2x+1)$
2) $y = (4x^2+x)(2x-1)$
3) $y = \dfrac{1}{x^3}$
4) $y = \dfrac{3}{5x+1}$

解答
展開して n 乗の微分公式を使うこともできますが、積・商のかたちとなっていますので、積・商の微分公式などを使うと便利でしょう。

1) 積の形となっていますので、積の微分公式を使ってみます。

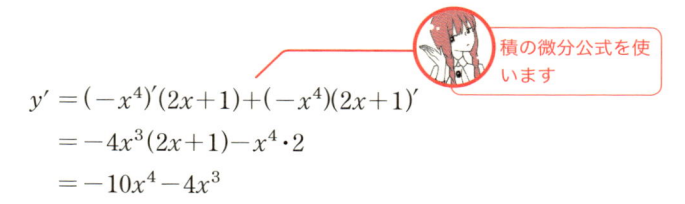

> 積の微分公式を使います

$$y' = (-x^4)'(2x+1) + (-x^4)(2x+1)'$$
$$= -4x^3(2x+1) - x^4 \cdot 2$$
$$= -10x^4 - 4x^3$$

2) 積の形となっていますので、積の微分公式を使ってみます。

> 積の微分公式を使います

$$y' = (4x^2+x)'(2x-1) + (4x^2+x)(2x-1)'$$
$$= (8x+1)(2x-1) + (4x^2+x) \cdot 2$$
$$= 16x^2 - 6x - 1 + 8x^2 + 2x$$
$$= 24x^2 - 4x - 1$$

3) 商の形となっていますが、負の指数を使ってあらわすことができます。$\frac{1}{x^3}$ は x^{-3} と同じです。

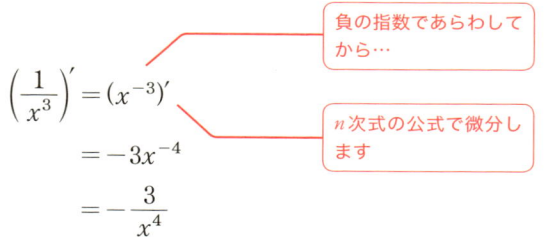

> 負の指数であらわしてから…
> n次式の公式で微分します

$$\left(\frac{1}{x^3}\right)' = (x^{-3})'$$
$$= -3x^{-4}$$
$$= -\frac{3}{x^4}$$

4) 商の形となっていますので、商の微分公式を使ってみます。

> 商の微分公式を使います

$$\left(\frac{3}{5x+1}\right)' = \frac{(3)'(5x+1) - 3(5x+1)'}{(5x+1)^2}$$
$$= \frac{0 \cdot (5x+1) - 3 \cdot 5}{(5x+1)^2}$$
$$= -\frac{15}{(5x+1)^2}$$

理解度確認！(1.6)

次の関数を微分せよ。

1) $y = 6x + 1$
2) $y = 5x^3 + 2x$
3) $y = -10x^4 + 2x + 3$
4) $y = (5x^3 + 2x - 3)(3x^2 + 1)$
5) $y = \dfrac{2x}{x+1}$

（解答は p.223）

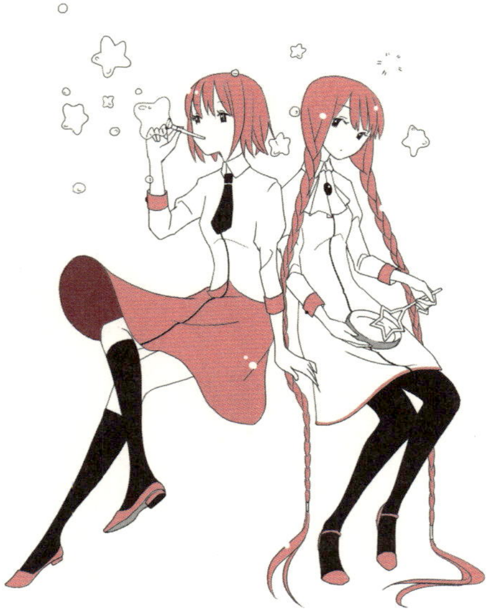

第②章
簡単に微分できるようにしよう

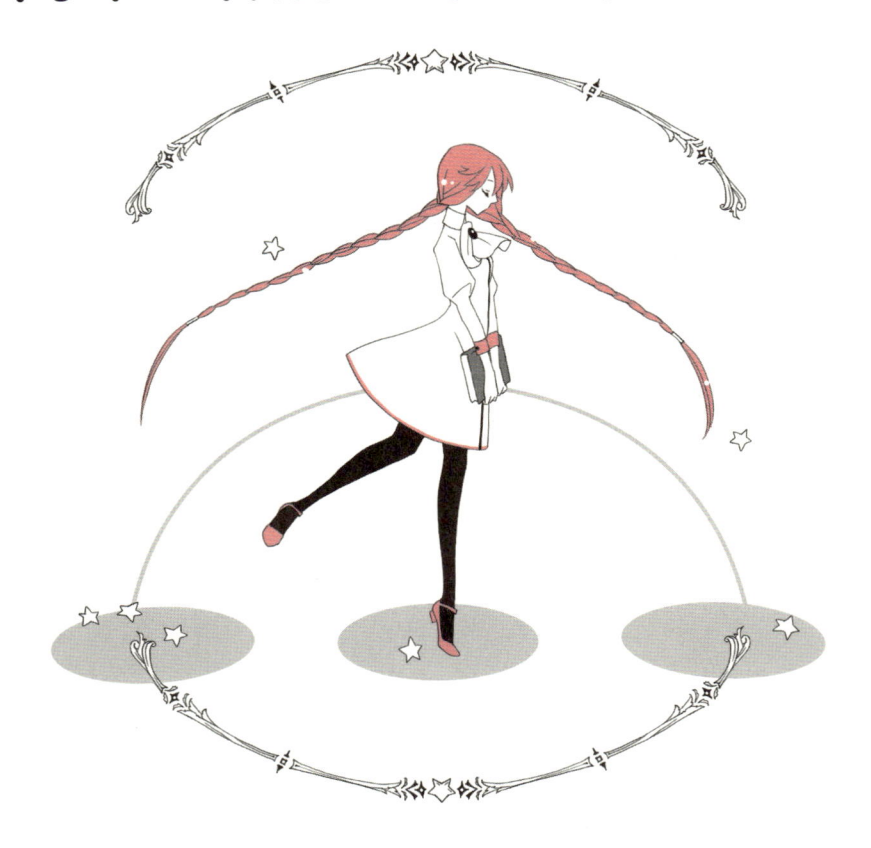

1章では微分の基礎について学んできました。
この章ではさらに微分を快適に行うために必要な知識を
紹介しましょう。合成関数や逆関数の微分は
微分を簡単に行う上で欠かせない知識となります。

2.1 合成関数を微分しよう

◉いろいろな公式がある

　ある関数がより簡単な関数の和・差・積・商からなるときには、和・差・積・商の公式を利用することができます。1章ではこうして利用できる微分の基本公式を紹介してきました。

　さて、微分にはこのほかにも、微分をする際に利用できるさまざまな公式があります。さまざまな公式を活用することで、微分の計算を簡単に行うことができるようになるでしょう。この節でいくつかの考え方を紹介していくことにしましょう。

◉合成関数の公式は？

　まず関数の概念に立ち戻って考えてみてください。$x \to u$ という対応を行った後に $u \to y$ という対応を行うことを考えます。このとき、$x \to y$ への対応を**合成関数**と呼びます。複数の関数を合成したものを1つの関数と考えるわけです。

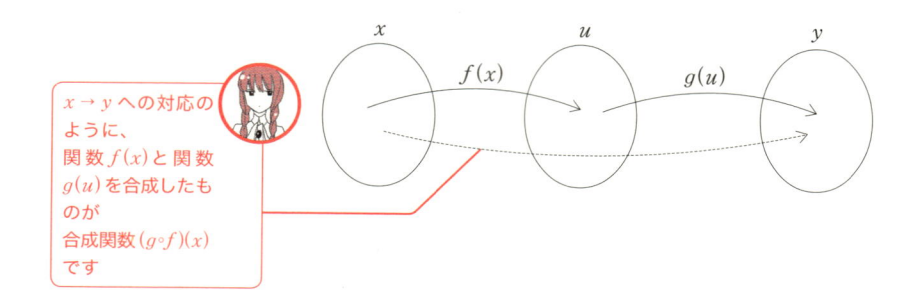

> $x \to y$ への対応のように、関数 $f(x)$ と関数 $g(u)$ を合成したものが合成関数 $(g \circ f)(x)$ です

　合成関数は次のように表記されます。x が f によって変換されて $f(x)$ に対応し、これにさらに g という変換が行われるわけです。

$$(g \circ f)(x) = g(f(x))$$

> f の変換を行った上で…

> g の変換を行います

たとえば次の2つの関数があったとしましょう。

$$f(x) = x - 1$$
$$g(u) = u^2$$

これを合成した合成関数は次のようになります。

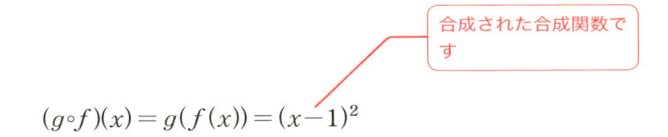

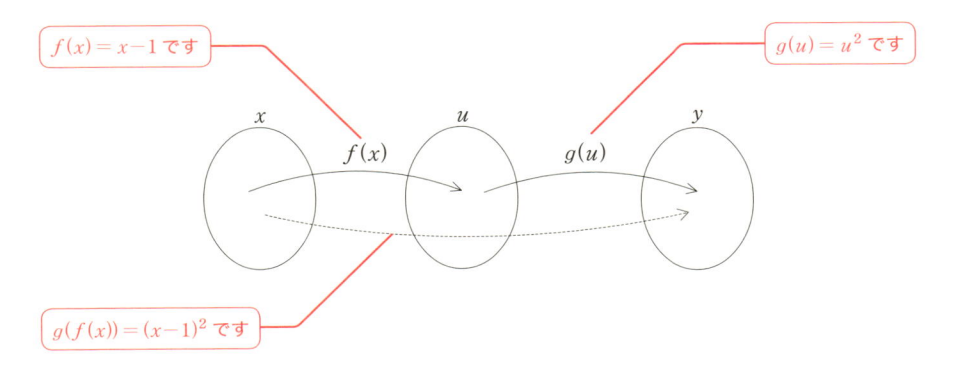

> 合成された合成関数です

$$(g \circ f)(x) = g(f(x)) = (x-1)^2$$

> $f(x) = x - 1$ です

> $g(u) = u^2$ です

x → $f(x)$ → u → $g(u)$ → y

> $g(f(x)) = (x-1)^2$ です

なお、合成関数は順序に気をつける必要があります。$x \to u$ の変換が g、$u \to y$ の対応が f である場合は $(g \circ f)(x)$ とは違う関数をあらわし、$(f \circ g)(x)$ とあらわすことになります。

> 先ほどとは逆に、g の変換を行った上で…

$$(f \circ g)(x) = f(g(x))$$

> f の変換を行います。違いに注意！

たとえば次の2つの関数について考えてみてください。

$$g(x) = x^2$$
$$f(u) = u - 1$$

これは先ほどと同じ形になっていますが、変換順序が逆になっています。これらの関数を合成すると次のようになります。このように、合成関数は変換の順序が重要となることに注意しておいてください。

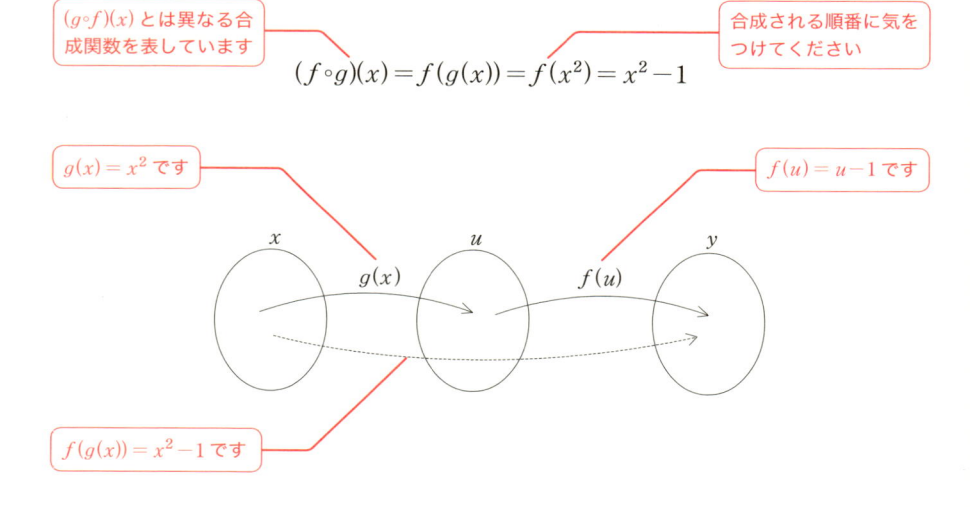

$(g \circ f)(x)$ とは異なる合成関数を表しています

合成される順番に気をつけてください

$$(f \circ g)(x) = f(g(x)) = f(x^2) = x^2 - 1$$

$g(x) = x^2$ です

$f(u) = u - 1$ です

x　　$g(x)$　　u　　$f(u)$　　y

$f(g(x)) = x^2 - 1$ です

●合成関数の微分公式を考えよう

　ある関数が合成関数であるとき、合成関数に関する次の微分公式を利用することができます。公式は次のようになっています。

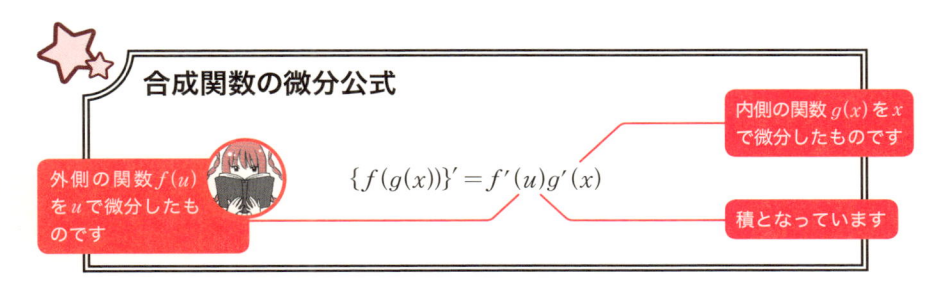

合成関数の微分公式

外側の関数 $f(u)$ を u で微分したものです

内側の関数 $g(x)$ を x で微分したものです

$$\{f(g(x))\}' = f'(u)g'(x)$$

積となっています

ある関数が $u = g(x)$ という変換をした後 $y = f(u)$ という変換をする合成関数であるとき、その関数の微分とは、$f(u)$ を u で微分したものと、$g(x)$ を x で微分したものとの積となっているというわけです。

まずはこの合成関数の微分公式を証明してみましょう。

例題 合成関数の微分公式を証明せよ。

解答 合成関数の微分公式も定義から考えます。導関数の定義に近づけることを考えていきましょう。

導関数の定義に近づけるために $g(x+h) - g(x)$ を乗算・除算します

$$\{f(g(x))\}' = \lim_{h \to 0} \frac{f(g(x+h)) - f(g(x))}{h}$$

$$= \lim_{h \to 0} \frac{f(g(x+h)) - f(g(x))}{g(x+h) - g(x)} \cdot \frac{g(x+h) - g(x)}{h}$$

ここで $g(x+h) - g(x) = k$ としてみましょう。すると k を使って置き換えることができます。

$g(x+h) - g(x) = k$ を使って置き換えることができます

$g(x+h) = g(x) + k$ を使って置き換えることができます

$$\lim_{h \to 0} \frac{f(g(x+h)) - f(g(x))}{g(x+h) - g(x)} \cdot \frac{g(x+h) - g(x)}{h}$$

$$= \lim_{h \to 0} \frac{f(g(x) + k) - f(g(x))}{k} \cdot \frac{g(x+h) - g(x)}{h}$$

$$= \lim_{h \to 0} \frac{f(g(x)+k)-f(g(x))}{k} \lim_{h \to 0} \frac{g(x+h)-g(x)}{h}$$

（$f(g(x))$ の微分です）　（$g(x)$ の微分です）

$$= f'(u)g'(x)$$

合成関数の微分公式が成り立ちました。

●合成関数の微分公式を考えよう

なお、合成関数の微分公式では次の表記を使う場合もあります。この表記を使うと $y=f(g(x))$ の微分公式がよりわかりやすくなります。$u=g(x)$ を「x で」微分し、$y=f(u)$ を「u で」微分していることがわかりやすくなっているでしょう。

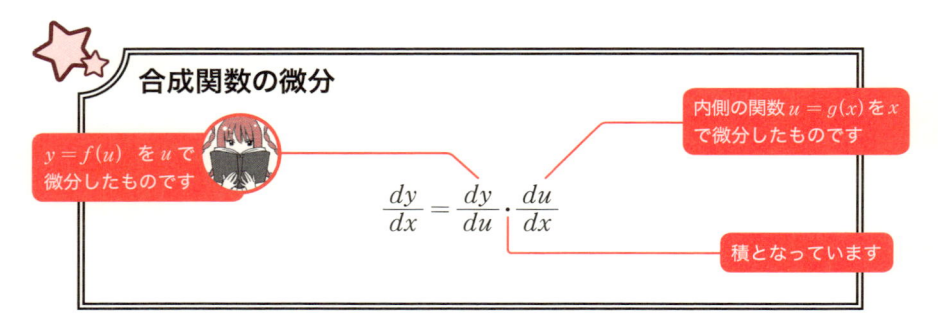

合成関数の微分

（$y=f(u)$ を u で微分したものです）

（内側の関数 $u=g(x)$ を x で微分したものです）

$$\frac{dy}{dx} = \frac{dy}{du} \cdot \frac{du}{dx}$$

（積となっています）

それでは合成関数の微分について、公式を使って考えてみましょう。

例題 次の関数を微分せよ。
$$y=(x^2-1)^3$$

解答 $y=u^a$ の形をした関数は、典型的な合成関数として考えられます。$u=g(x)$、$f(u)=u^a$ の合成関数として考えることができるからです。この例題では $f(u)=u^3$、$g(x)=x^2-1$、という2つの関数の合成関数と考えることができます。それでは公式を使って微分してみましょう。

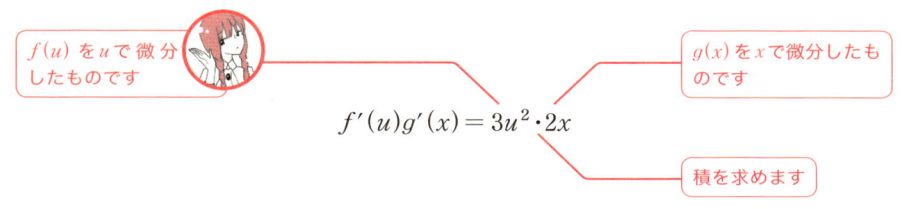

[$f(u)$ を u で微分したものです]   [$g(x)$ を x で微分したものです]

$$f'(u)g'(x) = 3u^2 \cdot 2x$$

[積を求めます]

最後に u を x の式に戻します。

$$= 6x(x^2-1)^2$$

[$u=x^2-1$ に戻します]

合成関数の微分公式によって簡単に微分することができました。

練習

次の関数を微分せよ。
1) $y = (2x^2+5x+3)^4$
2) $y = \dfrac{1}{(2x^2+3)^2}$

解答

合成関数の微分公式を確認してみてください。どんな関数の合成関数なのかを考えることが必要です。

1)　$f(u) = u^4$、$g(x) = 2x^2+5x+3$ と考えます。

[$f(u)$ を u で微分します]   [$g(x)$ を x で微分します]

$$f'(u)g'(x) = (u^4)'(2x^2+5x+3)' = 4u^3(4x+5)$$

[積を求めます]

最後に u を x の式に戻します。

> $u = 2x^2+5x+3$ に戻します

$$= 4(2x^2+5x+3)^3(4x+5)$$

2) 問題文の式について、負の指数を使って変形しておきましょう。

$$\frac{1}{(2x^2+3)^2} = (2x^2+3)^{-2}$$

$f(u) = u^{-2}$、$g(x) = 2x^2+3$ と考えます。

> $f(u)$ を u で微分します

> $g(x)$ を x で微分します

$$f'(u)g'(x) = (u^{-2})'(2x^2+3)' = -2u^{-3} \cdot 4x$$

> 積を求めます

最後に u を x の式に戻します。

> $u = 2x^2+3$ に戻します

$$= -8x(2x^2+3)^{-3}$$

理解度確認！(2.1)

次の関数の微分を求めよ。
1) $y = (x^2+3)^4$
2) $y = (x^2-1)^5$
3) $y = (2x^2+3)^4$

（解答は p.223）

2.2 逆関数を微分しよう

◉逆関数とは？

　ある関数を合成関数と考えるときの微分についてみてきました。それではほかの微分についてはどんなものがあるでしょうか。

　今度は次の対応について考えてみましょう。xからyが1つに決まるという対応があるときに、yからもxの値が1つに決まるとします。このとき、yとxを入れ替えた関数を、元の関数の**逆関数**と呼びます。

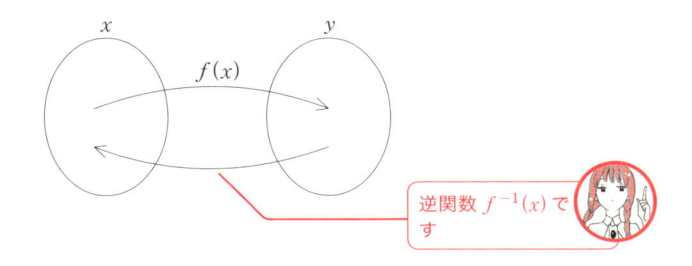

> 逆関数 $f^{-1}(x)$ です

　$y=f(x)$の逆関数は-1を使って、次のように表記される場合があります。

> 逆関数をあらわします

$$y = f^{-1}(x)$$

　たとえば$y=x^2$という関数について考えてみましょう。$x \geq 0$の範囲に限定してみると、yの値にただ1つのxの値が対応しています。このとき、$y=x^2$の逆関数を考えることができるわけです。

51

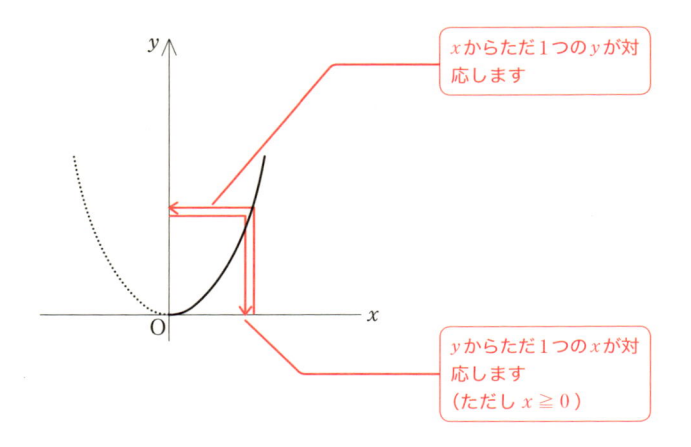

[グラフ: $y = x^2$ のグラフ]

- x からただ1つの y が対応します
- y からただ1つの x が対応します（ただし $x \geq 0$）

　x と y を入れ替えた $x = y^2$ の平方根をとって、$y = x^2$ の逆関数は次のように求められます。

$$y = \sqrt{x} \quad (x \geq 0)$$

- $y^2 = x$ を変形して求めました

　逆関数のグラフは元の関数のグラフと直線 $y = x$ に対して対称になっていることが特徴です。

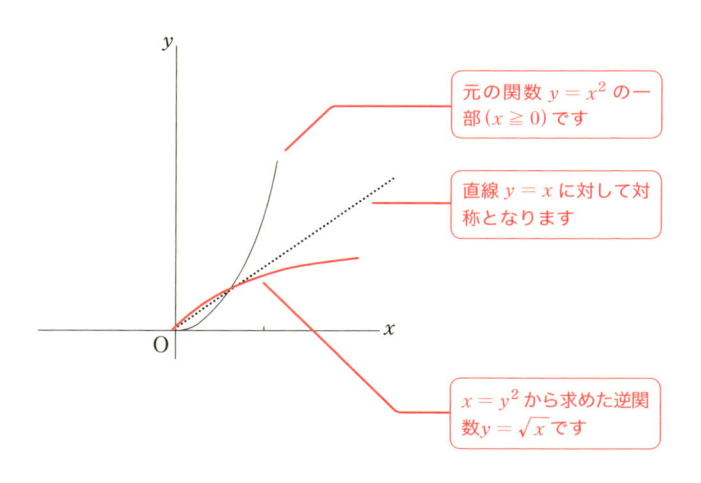

[グラフ]

- 元の関数 $y = x^2$ の一部 ($x \geq 0$) です
- 直線 $y = x$ に対して対称となります
- $x = y^2$ から求めた逆関数 $y = \sqrt{x}$ です

●逆関数の微分公式を考えよう

逆関数について次の微分公式が成り立ちます。

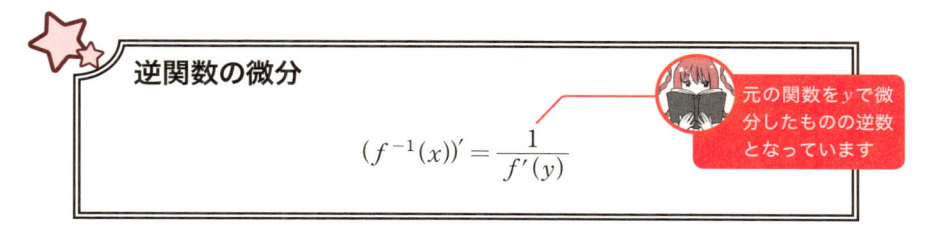

> **逆関数の微分**
>
> $$(f^{-1}(x))' = \frac{1}{f'(y)}$$
>
> 元の関数をyで微分したものの逆数となっています

これは、元の関数fをyの関数としてみたときに

yで微分した結果の逆数が、逆関数の微分である

ということをあらわしています。

fをyで微分していることをより分かりやすくするために、次の記号で記述することもあります。

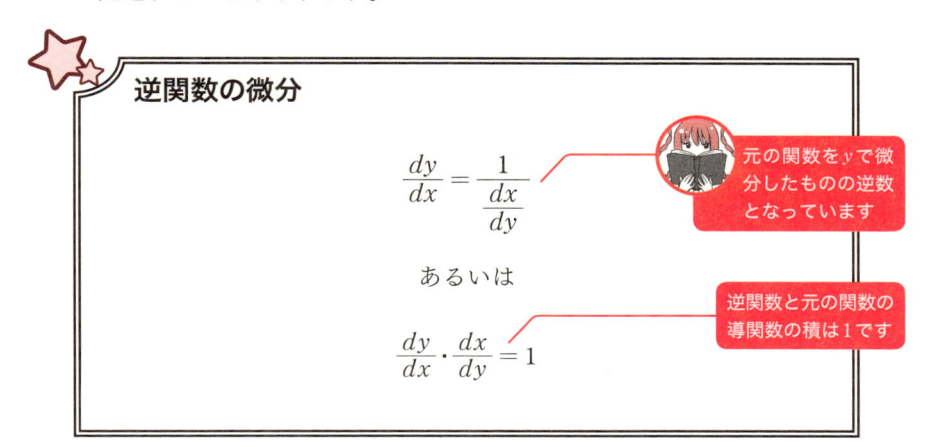

> **逆関数の微分**
>
> $$\frac{dy}{dx} = \frac{1}{\frac{dx}{dy}}$$
>
> 元の関数をyで微分したものの逆数となっています
>
> あるいは
>
> $$\frac{dy}{dx} \cdot \frac{dx}{dy} = 1$$
>
> 逆関数と元の関数の導関数の積は1です

この公式について考えてみましょう。

例題 逆関数の微分公式を証明せよ。

解答 逆関数について成り立っている次の式の両辺を、x について微分してみましょう。

$$x = f(y)$$

ここでは右辺と左辺にわけて微分してみます。左辺の微分はすぐに求められるでしょう。右辺については $f(y)$ を合成関数 $f(f^{-1}(x))$ であると考え、合成関数の微分を行います。$x = f(y)$ と $y = f^{-1}(x)$ の合成関数 $f(f^{-1}(x))$ と考えるのです。

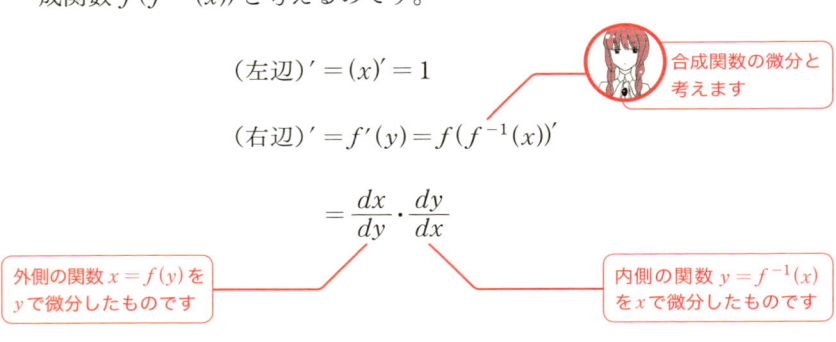

$$(左辺)' = (x)' = 1$$

$$(右辺)' = f'(y) = f(f^{-1}(x))'$$

合成関数の微分と考えます

$$= \frac{dx}{dy} \cdot \frac{dy}{dx}$$

外側の関数 $x = f(y)$ を y で微分したものです

内側の関数 $y = f^{-1}(x)$ を x で微分したものです

両辺を微分しても左辺＝右辺が成り立ちます。つまり次の式が成り立っていることがわかります。

$$\frac{dx}{dy} \cdot \frac{dy}{dx} = 1$$

逆関数と元の関数の導関数の積は1です

あるいはこの式を変形して次の式が成り立つともいえます。

$$\frac{dy}{dx} = \frac{1}{\dfrac{dx}{dy}}$$

元の関数を y で微分したものの逆数となっています

これで逆関数の微分公式が成り立ちました。

2.2 逆関数を微分しよう

なおこれは次の式をあらわしていることにもなっています。

$$(f^{-1}(x))' = \frac{1}{f'(y)}$$

> 元の関数を y で微分したものの逆数となっています

それでは次の微分について逆関数の微分公式を使って考えてみましょう。

例題 次の関数を微分せよ。

$$y = \sqrt{x+3}$$

解答 $f(x) = \sqrt{x+a}$ の形の関数は、逆関数として考えると微分しやすくなります。

上式が y の関数であると考えてみましょう。$y^2 = x+3$ であることから次のようになります。

$$x = y^2 - 3$$

> y の関数であると考えてみました

これを y で微分すると次のようになるでしょう。

$$\frac{dx}{dy} = 2y$$

> 元の関数を y で微分したものです

これを使って逆関数の公式を利用することができます。最後に元の式 $y = \sqrt{x+3}$ に戻します。

$$\frac{dy}{dx} = \frac{1}{\frac{dx}{dy}} = \frac{1}{2y}$$

> 元の関数を y で微分したものの逆数となっています

$$= \frac{1}{2\sqrt{x+3}}$$

> 元の式に戻します

> **練習**
> 次の関数を微分せよ。
> 1) $y = \sqrt{x+5}$
> 2) $y = \sqrt[4]{2x+3}$

解答

これらは逆関数の微分が簡単に求められますので、逆関数の微分から元の関数の微分を求めることを考えます。

1) $x+5 = y^2$ であることから、y の関数 $x = y^2 - 5$ と考えることができます。y で微分すると次のように微分できます。

$$\frac{dx}{dy} = 2y$$

逆関数の公式を使うことができます。最後に元の式 $y = \sqrt{x+5}$ に戻しましょう。

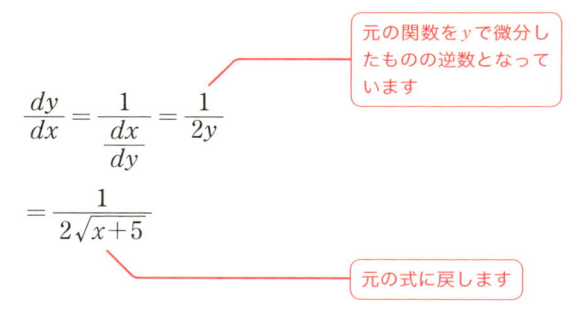

$$\frac{dy}{dx} = \frac{1}{\frac{dx}{dy}} = \frac{1}{2y}$$

$$= \frac{1}{2\sqrt{x+5}}$$

（元の関数を y で微分したものの逆数となっています）

（元の式に戻します）

2) $\sqrt[n]{a}$ は n 乗根と呼ばれます。n 乗すると a になります。

ここでは $2x+3 = y^4$ であることから、y の関数 $x = \frac{1}{2}(y^4 - 3)$ と考えることができます。y で微分すると、次のように微分できます。

$$\frac{dx}{dy} = 2y^3$$

逆関数の公式を使うことができます。最後に元の式 $y = \sqrt[4]{2x+3}$ に戻しましょう。

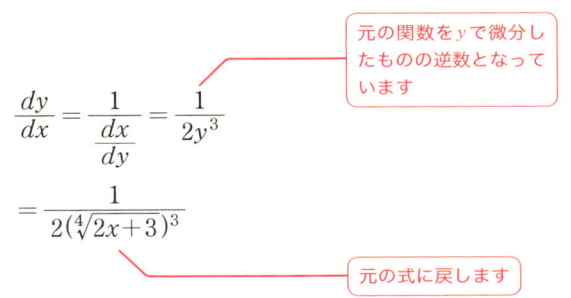

$$\frac{dy}{dx} = \frac{1}{\frac{dx}{dy}} = \frac{1}{2y^3}$$
$$= \frac{1}{2(\sqrt[4]{2x+3})^3}$$

> 元の関数を y で微分したものの逆数となっています

> 元の式に戻します

さてこの章では、合成関数と逆関数の微分について学びました。これらの考えかたによって、複雑な関数についても微分を求めることができるようになります。覚えておくと便利です。

理解度確認！(2.2)

次の関数の微分を求めよ。
1) $y = \sqrt{x-2}$
2) $y = \sqrt[5]{x+1}$

（解答は p.223）

第3章

いろいろな関数を微分しよう

私達はさまざまな関数についての微分を考えます。
このとき、微分の対象となる基本的な関数について
知っておくと便利です。関数を知ることは、
公式を使って微分を行う際に役に立つことでしょう。

3.1 三角関数を微分しよう

●三角関数を確認する

　微分に関するさまざまな公式について確認してみました。これらの知識を応用してさまざまな種類の関数の微分を考えていきましょう。

　最初に、**三角関数**を扱うことにします。三角関数は直角三角形の角度 x（単位：ラジアン。後のコラム参照）と、その角度に対して描いた三角形の各辺の長さの比を対応させたものとなっています。

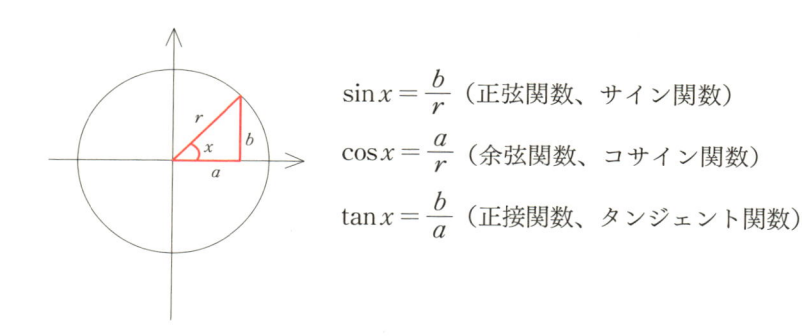

$\sin x = \dfrac{b}{r}$ （正弦関数、サイン関数）

$\cos x = \dfrac{a}{r}$ （余弦関数、コサイン関数）

$\tan x = \dfrac{b}{a}$ （正接関数、タンジェント関数）

　たとえば $y = \sin x$ の場合について、次のグラフを見ながら考えてみましょう、$r = 1$ の円で考えれば、$x = 0$ （角度 $0°$）のとき $b = 0$ ですから、$y = 0$ となります。$x = \dfrac{\pi}{4}$ （角度 $45°$）のときはよく知られた三角比から $b = \dfrac{1}{\sqrt{2}}$ ですから、$y = \dfrac{1}{\sqrt{2}}$ となります。$x = \dfrac{\pi}{2}$ （角度 $90°$）のとき $b = 1$ ですから、$y = 1$ となります。

3.1 三角関数を微分しよう

$y = 0$ です

▲ $y = \sin x : x = 0$

$y = \dfrac{1}{\sqrt{2}}$ です

▲ $y = \sin x : x = \pi/4$

$y = 1$ です

▲ $y = \sin x : x = \pi/2$

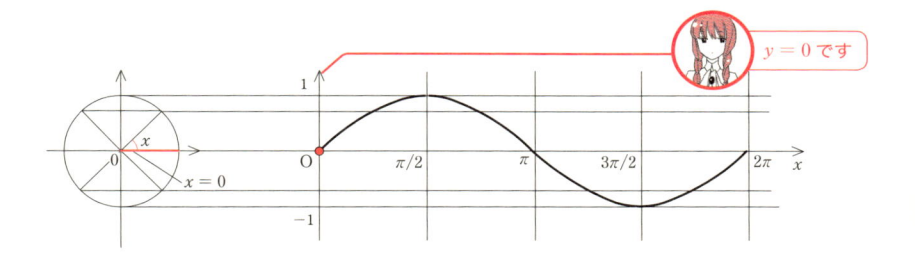

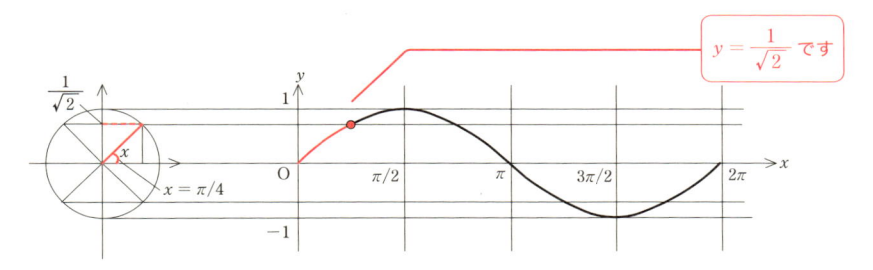

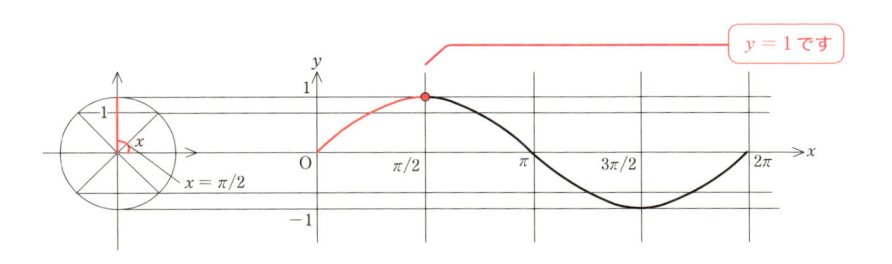

　こうした対応をグラフに描くことで三角関数のイメージをつかんでおきましょう。$y = \cos x$、$y = \tan x$ のグラフについては次のようになります（$y = \cos x$ は $y = \sin x$ と並べて表記）。

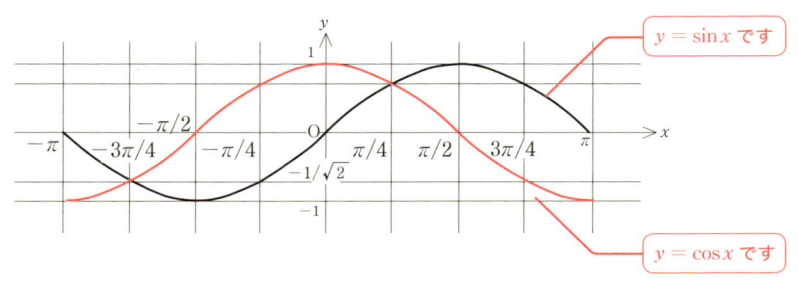

▲$y = \cos x$（$\sin x$と並べて表記）

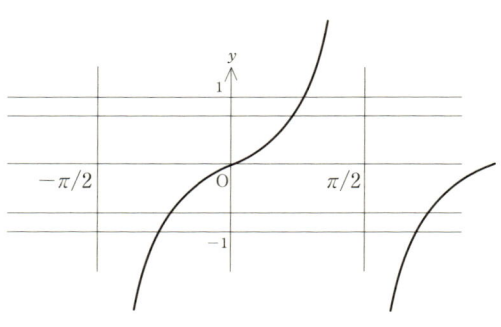

▲$y = \tan x$

Column / ラジアン

ラジアンは角度の単位で、半径1の円弧の角度とその弧の長さが同じであるように定めたものです。円周が$2\pi \times$半径であることより、$360° = 2\pi$となります。したがって1ラジアン$= 180°/\pi$となっています。
三角関数でよくつかわれる角度とラジアンの対応を次ページにしめしておきましょう。

3.1 三角関数を微分しよう

度	0°	30°	45°	60°	90°	120°	135°	150°	180°	270°	360°
ラジアン	0	$\frac{\pi}{6}$	$\frac{\pi}{4}$	$\frac{\pi}{3}$	$\frac{\pi}{2}$	$\frac{2}{3}\pi$	$\frac{3\pi}{4}$	$\frac{5}{6}\pi$	π	$\frac{3}{2}\pi$	2π
$\sin x$	0	$\frac{1}{2}$	$\frac{1}{\sqrt{2}}$	$\frac{\sqrt{3}}{2}$	1	$\frac{\sqrt{3}}{2}$	$\frac{1}{\sqrt{2}}$	$\frac{1}{2}$	0	-1	0
$\cos x$	1	$\frac{\sqrt{3}}{2}$	$\frac{1}{\sqrt{2}}$	$\frac{1}{2}$	0	$-\frac{1}{2}$	$-\frac{1}{\sqrt{2}}$	$-\frac{\sqrt{3}}{2}$	-1	0	1
$\tan x$	0	$\frac{1}{\sqrt{3}}$	1	$\sqrt{3}$	—	$-\sqrt{3}$	-1	$-\frac{1}{\sqrt{3}}$	0	—	0

●三角関数の公式を考えよう

　三角関数は角度と三角形の辺の比との対応となっているため、次のような公式が知られています。

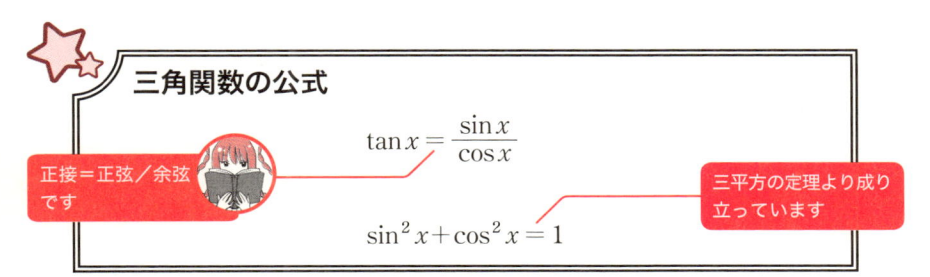

三角関数の公式

正接＝正弦／余弦です

$$\tan x = \frac{\sin x}{\cos x}$$

三平方の定理より成り立っています

$$\sin^2 x + \cos^2 x = 1$$

　また、2つの角度α・βの和（差）による値を、α・βそれぞれの角度による値によってあらわす加法定理が知られています。また、この定理を応用した和・積の公式などが知られています。

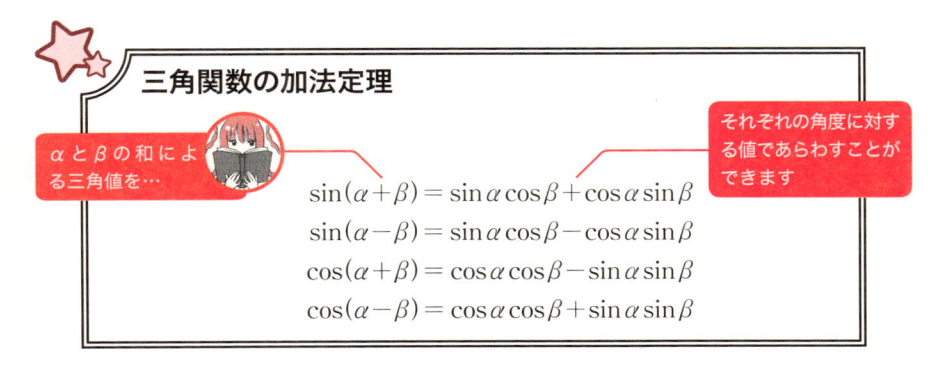

三角関数の加法定理

αとβの和による三角値を…

それぞれの角度に対する値であらわすことができます

$$\sin(\alpha+\beta) = \sin\alpha\cos\beta + \cos\alpha\sin\beta$$
$$\sin(\alpha-\beta) = \sin\alpha\cos\beta - \cos\alpha\sin\beta$$
$$\cos(\alpha+\beta) = \cos\alpha\cos\beta - \sin\alpha\sin\beta$$
$$\cos(\alpha-\beta) = \cos\alpha\cos\beta + \sin\alpha\sin\beta$$

いろいろな関数を微分しよう

三角関数の和・積に関する公式

$$\sin A + \sin B = 2\sin\frac{A+B}{2}\cos\frac{A-B}{2}$$

$$\sin A - \sin B = 2\cos\frac{A+B}{2}\sin\frac{A-B}{2}$$

$$\cos A + \cos B = 2\cos\frac{A+B}{2}\cos\frac{A-B}{2}$$

$$\cos A - \cos B = -2\sin\frac{A+B}{2}\sin\frac{A-B}{2}$$

また、次の式が成り立つことをおさえておきましょう。

$\frac{\sin x}{x}$ の極限値 $(x \to 0)$

$$\lim_{x \to 0}\frac{\sin x}{x} = 1$$

ラジアンは半径1の円弧の角度とその弧の長さが等しくなるように定めた単位ですので、半径1の円弧において、x と $\sin x$ の関係は次の図のようになっています。

ここで x を0に近づけたとき、$\sin x$ と x の値は同じ値に近づくと考えられますから、極限値 $\lim_{x \to 0}\frac{\sin x}{x}$ は1（比が1に近づく）となります。

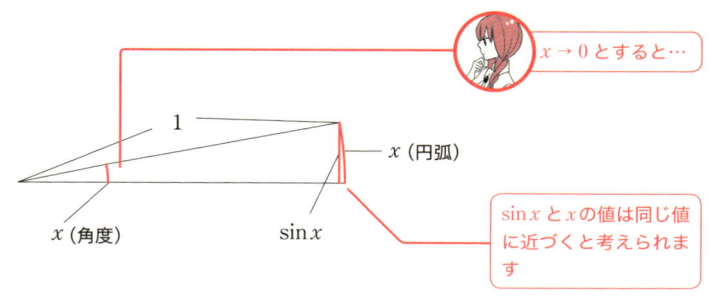

$x \to 0$ とすると…

x（角度）　$\sin x$　x（円弧）

$\sin x$ と x の値は同じ値に近づくと考えられます

●三角関数を微分しよう

それでは三角関数の微分について考えてみましょう。三角関数の微分公式として次の式が知られています。

三角関数の微分

$$(\sin x)' = \cos x$$
$$(\cos x)' = -\sin x$$
$$(\tan x)' = \frac{1}{\cos^2 x}$$

三角関数の微分の公式を証明してみましょう。三角関数の微分公式を証明するには、導関数の定義と三角関数の公式を使います。

例題 次の公式を証明せよ。
$$(\sin x)' = \cos x$$

解答 まず導関数の定義から考えてみましょう。

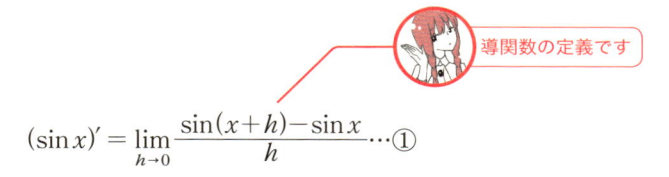

導関数の定義です

$$(\sin x)' = \lim_{h \to 0} \frac{\sin(x+h) - \sin x}{h} \cdots ①$$

ここで①の分子に次の三角関数の公式を使ってみましょう。

この三角関数の公式を用意します

$$\sin A - \sin B = 2 \cos \frac{A+B}{2} \sin \frac{A-B}{2}$$

この公式を使って①の分子を変形するのです。

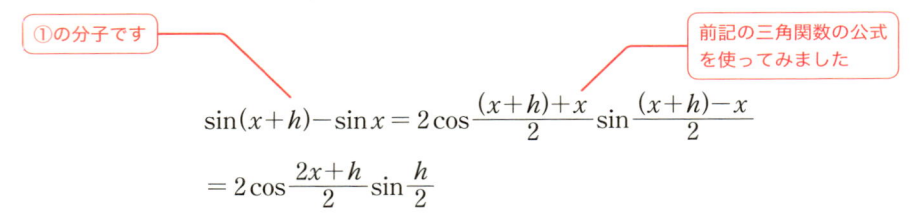

［①の分子です］　［前記の三角関数の公式を使ってみました］

$$\sin(x+h) - \sin x = 2\cos\frac{(x+h)+x}{2}\sin\frac{(x+h)-x}{2}$$
$$= 2\cos\frac{2x+h}{2}\sin\frac{h}{2}$$

したがって①は次のようになります。

$$(\sin x)' = \lim_{h \to 0} \frac{2\cos\dfrac{2x+h}{2}\sin\dfrac{h}{2}}{h}$$

$$= \lim_{h \to 0} \frac{\cos\dfrac{2x+h}{2}\sin\dfrac{h}{2}}{\dfrac{h}{2}}$$

［$\dfrac{\sin x}{x}$ の形であらわせます］

$$= \lim_{h \to 0} \left(\cos\frac{2x+h}{2} \cdot \frac{\sin\dfrac{h}{2}}{\dfrac{h}{2}} \right) \cdots ①'$$

ここで公式 $\lim_{h \to 0}\dfrac{\sin x}{x} = 1$ を利用しましょう。この公式より
$\lim_{h \to 0} \dfrac{\sin\dfrac{h}{2}}{\dfrac{h}{2}} = 1$ です。

［$\lim_{h \to 0}\dfrac{\sin x}{x} = 1$ の公式を使いました］

$$①'のつづき = \lim_{h \to 0} \left(\cos\frac{2x+h}{2} \cdot 1 \right)$$
$$= \lim_{h \to 0} \cos\frac{2x+h}{2}$$
$$= \cos\frac{2x}{2} = \cos x$$

すなわち次の公式が成り立つわけです。

［公式が成り立ちます］

$$(\sin x)' = \cos x$$

$\cos x$ の微分も同様に証明することができます。それでは $\tan x$ の微分公式について証明をしてみてください。

例題 三角関数 $\tan x$ の微分公式を証明せよ。

解答 $\tan x = \dfrac{\sin x}{\cos x}$ ですので、商の微分公式を使って微分します。

> 商の微分公式を使います

$$(\tan x)' = \left(\frac{\sin x}{\cos x}\right)' = \frac{(\sin x)' \cos x - \sin x (\cos x)'}{(\cos x)^2}$$

> sin と cos の微分公式を使います

> $\cos^2 x + \sin^2 x = 1$ です

$$= \frac{\cos x \cos x + \sin x \sin x}{\cos^2 x} = \frac{\cos^2 x + \sin^2 x}{\cos^2 x} = \frac{1}{\cos^2 x}$$

$\tan x$ の微分公式が成り立ちました。

それでは三角関数の微分を練習してみることにしましょう。

練習
次の関数を微分せよ。
1) $y = 3x + \sin x$
2) $y = 3x^2 \sin x$
3) $y = \cos(2x - 1)$
4) $y = \sin^2 2x$

解答

1)　この関数は和から成り立っています。そこで和の微分公式を使います。三角関数の項に三角関数の微分に関する公式を使いましょう。

$$y' = (3x + \sin x)' = (3x)' + (\sin x)'$$
$$= 3 + \cos x$$

> $(\sin x)' = \cos x$ です

2)　この関数は積から成り立っています。そこで積の微分公式を使います。三角関数の項に三角関数の微分に関する公式を使いましょう。

$$y' = (3x^2 \sin x)' = (3x^2)' \sin x + 3x^2 (\sin x)'$$
$$= 3 \cdot 2x \cdot \sin x + 3x^2 \cdot \cos x$$
$$= 6x \sin x + 3x^2 \cos x$$

> 積の微分公式を使いました

3)　この関数は合成関数であると考えることができます。$u = 2x - 1$ と置いて考えます。

$$y = \cos u$$

> $u = 2x - 1$ として考えてみましょう

合成関数の微分公式を使います。

$$y' = (\cos u)'(2x - 1)' = -\sin u \cdot 2$$

> 合成関数の微分公式を使いました

u を元の式に戻します。

$$y' = -2 \sin(2x - 1)$$

> $u = 2x + 1$ に戻します

4)　この関数は合成関数であると考えることができます。$u = 2x$ と置いて考えます。

$$y = \sin^2 u$$

合成関数の微分公式を使います。

$$y' = (\sin^2 u)'(2x)'$$

> 合成関数の微分公式を使いました

次に $t = \sin u$ と置いて考えます。もう一度合成関数の微分公式を使います。

$$y' = (t^2)'(\sin u)'(2x)' = 2t \cos u \cdot 2$$

> 合成関数の微分公式を使いました

t を元の式に戻します。

$$y' = 2 \sin u \cos u \cdot 2$$

> $t = \sin u$ に戻します

u を元の式に戻します。

$$y' = 2 \sin 2x \cos 2x \cdot 2$$

> $u = 2x$ に戻します

したがって次のようになります。

$$y' = 4 \sin 2x \cos 2x$$

理解度確認！(3.1)

次の関数の微分を求めよ。
1) $y = 2x \cos x$
2) $y = \sin x + x \cos x$
3) $y = \sin(x^2 + 1)$
4) $y = \tan 3x$

（解答は p.224）

3.2 逆三角関数を学ぼう

●逆三角関数とは？

　この節では三角関数の応用について学ぶことにしましょう。三角関数の逆関数について考えることにします。

　三角関数において $y \to x$ という逆の対応を考えてみてください。このとき、1つの三角比の値に複数の値（角度）が対応することになりますから、実数 x 全体について三角関数の逆関数を考えることはできません。しかし x の定義域を限定すれば、逆関数を考えることができます。

　たとえば $-\dfrac{\pi}{2} \leqq x \leqq \dfrac{\pi}{2}$ の範囲に限定してみると、$y = \sin x$ について逆関数を考えることができます。これを**アークサイン（逆正弦関数）**と呼び、次のようにあらわします。x の範囲は $-1 \leqq x \leqq 1$ となります。

$$y = \sin^{-1} x$$

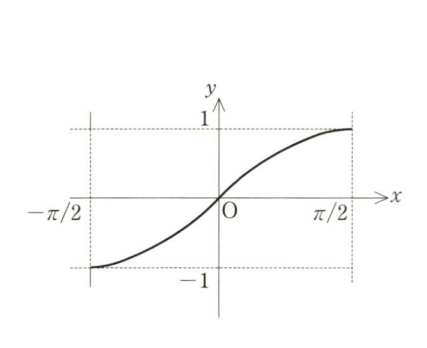

$y = \sin x \left(-\dfrac{\pi}{2} \leqq x \leqq \dfrac{\pi}{2}\right)$

（正弦関数）

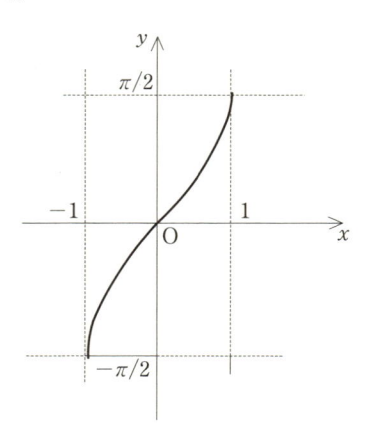

$y = \sin^{-1} x \ (-1 \leqq x \leqq 1)$

（逆正弦関数）

3.2 逆三角関数を学ぼう

同様に $0 \leqq x \leqq \pi$ の範囲において $y = \cos x$ について次の逆関数を考えることができます。これを**アークコサイン（逆余弦関数）**といいます。x の範囲は $-1 \leqq x \leqq 1$ となります。

$$y = \cos^{-1} x$$

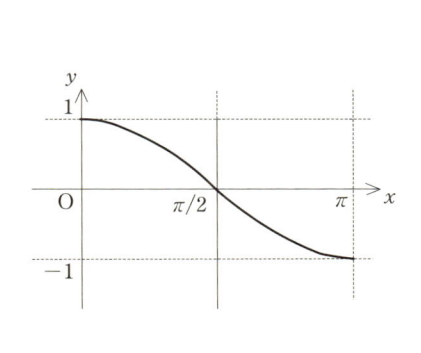

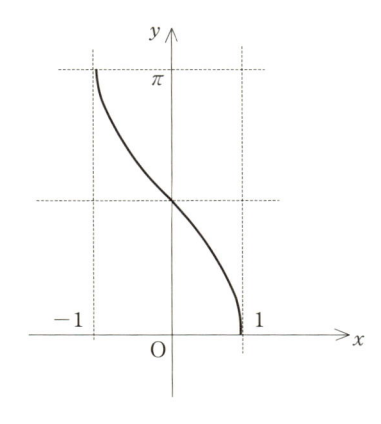

$y = \cos x \ (0 \leqq x \leqq \pi)$
（余弦関数）

$y = \cos^{-1} x \ (-1 \leqq x \leqq 1)$
（逆余弦関数）

同様に $\dfrac{\pi}{2} < x < \dfrac{\pi}{2}$ の範囲において $y = \tan x$ について次の逆関数を考えることができます。これを**アークタンジェント（逆正接関数）**といいます。

$$y = \tan^{-1} x$$

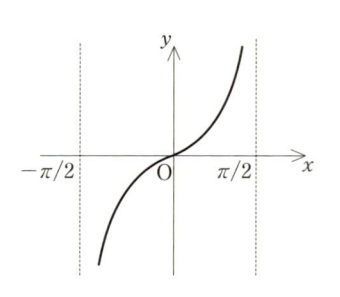

$y = \tan x \left(-\dfrac{\pi}{2} < x < \dfrac{\pi}{2}\right)$

（余弦関数）

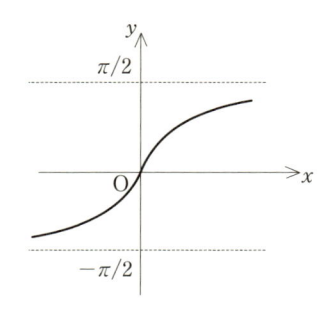

$y = \tan^{-1} x$

（逆余弦関数）

Column／三角関数の指数に注意

三角関数で使われる指数（−1）の位置に注意してください。左列は逆三角関数をあらわし、右列は三角関数の逆数をあらわしています。異なるものですので注意してください。

逆三角関数をあらわしています

逆数をあらわしています

$\sin^{-1} x \qquad (\sin x)^{-1} = \dfrac{1}{\sin x}$

$\cos^{-1} x \qquad (\cos x)^{-1} = \dfrac{1}{\cos x}$

$\tan^{-1} x \qquad (\tan x)^{-1} = \dfrac{1}{\tan x}$

●逆三角関数を微分しよう

逆三角関数の微分は次のようになっています。この公式の一部を証明して確認しておきましょう。

逆三角関数の微分

$$(\sin^{-1} x)' = \frac{1}{\sqrt{1-x^2}}$$

$$(\cos^{-1} x)' = -\frac{1}{\sqrt{1-x^2}}$$

$$(\tan^{-1} x)' = \frac{1}{1+x^2}$$

例題 逆正弦関数（アークサイン）に関する微分公式を証明せよ。

解答 順番に考えていきましょう。逆関数の微分公式によって次の式が成り立ちます。

$$(\sin^{-1} x)' = \frac{1}{(\sin y)'}$$

＜逆関数の微分公式より成り立ちます＞

また三角関数の微分公式によって次の式が成り立ちます。

$$(\sin y)' = \cos y$$

＜三角関数の微分公式です＞

また $\sin^2 y + \cos^2 y = 1$ より、次の式が成り立ちます。

$$\cos y = \sqrt{1-\sin^2 y}$$

＜$\cos y$ はこのようになります＞

$x = \sin y$ でしたので次の式が成り立ちます。

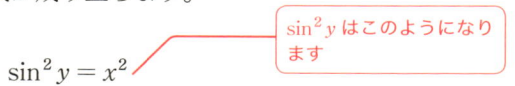

$$\sin^2 y = x^2$$

> $\sin^2 y$ はこのようになります

以上の式より次のようになります。

$$(\sin^{-1} x)' = \frac{1}{(\sin y)'} = \frac{1}{\cos y} = \frac{1}{\sqrt{1-\sin^2 y}} = \frac{1}{\sqrt{1-x^2}}$$

よって公式が成り立ちます。

$$(\sin^{-1} x)' = \frac{1}{\sqrt{1-x^2}}$$

逆三角関数の微分を練習してみましょう。

練習
次の関数を微分せよ。
1) $y = x \sin^{-1} x$
2) $y = \cos^{-1}(2x+1)$
3) $y = \dfrac{1}{\tan^{-1} x}$

解答

1) 逆関数の微分公式と積の微分公式を使います。

> 積の微分公式を使います

$$y' = (x)' \sin^{-1} x + x(\sin^{-1} x)' = 1 \cdot \sin^{-1} x + x \cdot \frac{1}{\sqrt{1-x^2}}$$

$$= \sin^{-1} x + \frac{x}{\sqrt{1-x^2}}$$

2)　$u = 2x+1$ と置きます。合成関数の微分公式を使います。

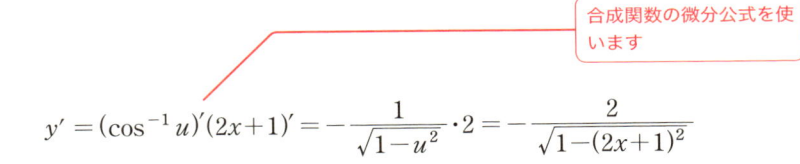

> 合成関数の微分公式を使います

$$y' = (\cos^{-1} u)'(2x+1)' = -\frac{1}{\sqrt{1-u^2}} \cdot 2 = -\frac{2}{\sqrt{1-(2x+1)^2}}$$

3)　商の微分公式を使います。

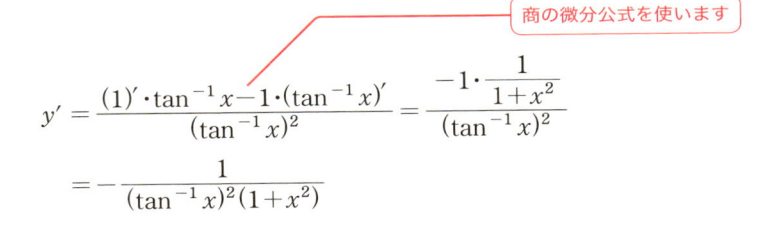

> 商の微分公式を使います

$$y' = \frac{(1)' \cdot \tan^{-1} x - 1 \cdot (\tan^{-1} x)'}{(\tan^{-1} x)^2} = \frac{-1 \cdot \frac{1}{1+x^2}}{(\tan^{-1} x)^2}$$
$$= -\frac{1}{(\tan^{-1} x)^2(1+x^2)}$$

理解度確認！(3.2)

次の関数の微分を求めよ。
1)　$y = \sin^{-1} x + \cos^{-1} x$
2)　$y = \sin^{-1} x \cos^{-1} x$
3)　$y = 3x \tan^{-1} x$

（解答は p.225）

3.3 指数関数を微分しよう

●指数関数とは?

今度は指数関数について考えてみましょう。指数関数はある数 a の指数 x に対してそのべき乗 a^x を対応させるものです。a は**底**、x は**指数**、y は**真数**と呼ばれます。

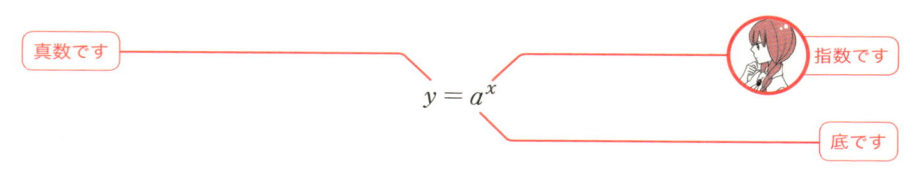

真数です

$$y = a^x$$

指数です

底です

なお指数はべき乗として次のように定義されています。

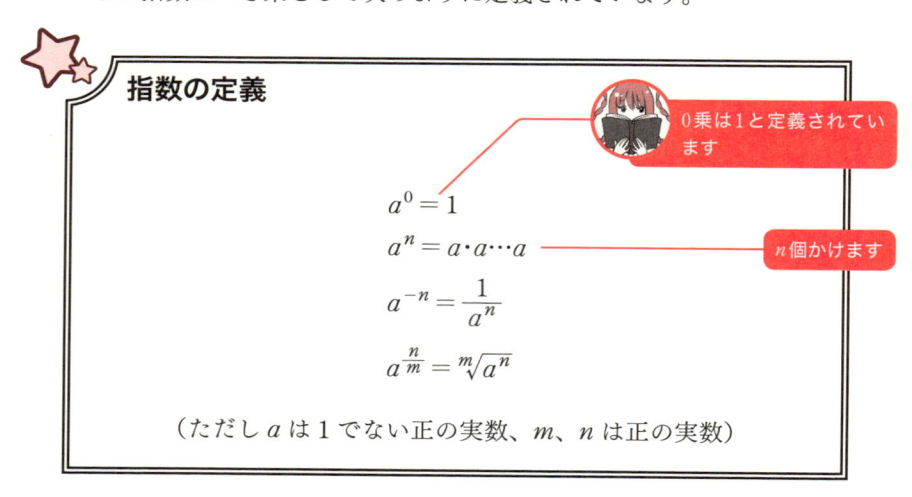

指数の定義

0乗は1と定義されています

$$a^0 = 1$$
$$a^n = a \cdot a \cdots a$$
$$a^{-n} = \frac{1}{a^n}$$
$$a^{\frac{n}{m}} = \sqrt[m]{a^n}$$

n 個かけます

(ただし a は1でない正の実数、m、n は正の実数)

指数に関して次の法則が成り立ちます。確認してみてください。

指数法則

$$a^{m+n} = a^m \cdot a^n$$
$$(a^m)^n = a^{mn}$$

（ただし a は1でない正の実数、m、n は正の実数）

m個 + n個
$\overline{a \cdot a \cdot a \cdots} \times \overline{a \cdot a \cdot a \cdots}$

　指数関数のグラフは底 a の値によって次のようになります。定義域は実数全体、値域は正の実数全体（$y > 0$）となります。

　指数0について $a^0 = 1$ と定義されていることから、いずれにおいても指数関数は $x = 0$ のときには $y = 1$ となり、座標 (0, 1) を通ることになります。

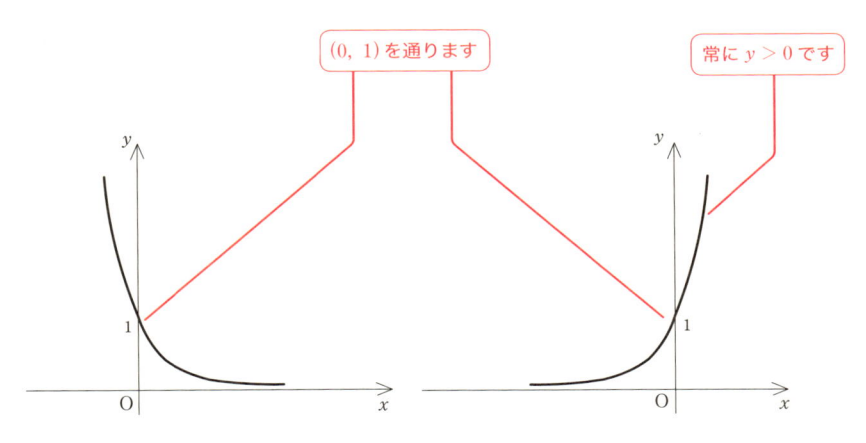

(0, 1) を通ります

常に $y > 0$ です

▲指数関数 $y = a^x$ のグラフ：（左）$0 < a < 1$、（右）$a > 1$

●ネイピア数を調べてみよう

　ところで指数関数の微分について考える場合には、まず $x = 0$ で微分係数が1となる特別な指数関数について考えておくと便利なことがあります。このような指数関数の底を e であらわします。

$$y = e^x$$

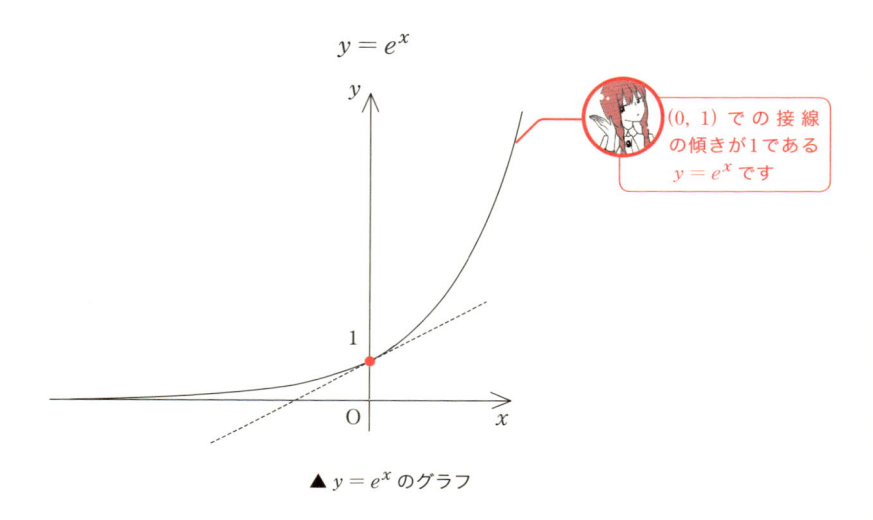

> (0, 1) での接線の傾きが1である $y = e^x$ です

▲ $y = e^x$ のグラフ

$x = 0$ での接線の傾きが1であることから、この指数関数は $f'(0) = 1$ を満たす必要があります。したがって次の式が成り立ちます。

> 導関数の定義に戻って考えます

$$f'(0) = \lim_{h \to 0} \frac{f(0+h) - f(0)}{h} = \lim_{h \to 0} \frac{e^{0+h} - e^0}{h} = \lim_{h \to 0} \frac{e^h - 1}{h} = 1$$

つまり自然対数の底 e とは、次の式を満たす値です。

$$\lim_{h \to 0} \frac{e^h - 1}{h} = 1$$

この式を満たす値 e を**ネイピア数**と呼びます。なお、この e の値を計算すると、2.7182818284… という値になっています。

指数関数の微分を考えるときには、まずこの e を底とする特別な指数関数について考えておくと便利なのです。

●指数関数を微分しよう

さて、ネイピア数 e を底とする指数関数の微分として、次の公式が知られています。

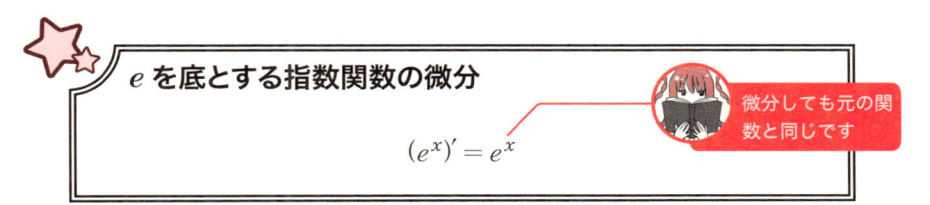

> **e を底とする指数関数の微分**
>
> $$(e^x)' = e^x$$
>
> 微分しても元の関数と同じです

e を底とする指数関数を微分したとき、その導関数は元の指数関数と同じとなっているというのです。この指数関数についての公式が成り立つことを確認しておきましょう。

例題 e を底とする指数関数の微分公式を証明せよ。

解答 定義から考えましょう。

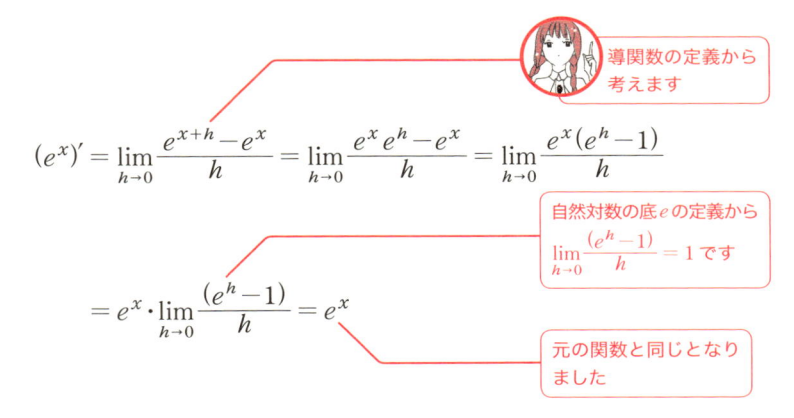

導関数の定義から考えます

$$(e^x)' = \lim_{h \to 0} \frac{e^{x+h} - e^x}{h} = \lim_{h \to 0} \frac{e^x e^h - e^x}{h} = \lim_{h \to 0} \frac{e^x(e^h - 1)}{h}$$

自然対数の底 e の定義から $\lim_{h \to 0} \frac{(e^h - 1)}{h} = 1$ です

$$= e^x \cdot \lim_{h \to 0} \frac{(e^h - 1)}{h} = e^x$$

元の関数と同じとなりました

この公式からわかるように、e を底とする指数関数を微分したとき、その導関数は元の指数関数と同じとなっているのです。ここに e を考える

ことの便利さがあります。底を e とする指数関数の微分について練習してみてください。

> **練習**
> 次の関数を微分せよ。
> 1) $y = e^{3x}$
> 2) $y = e^{x^2}$

解答

1) $u = 3x$ と置きます。合成関数の微分公式によって次のようになります。

$$y' = (e^u)'(3x)' = e^u \cdot 3 = 3e^u$$

（合成関数の微分公式を使います）

u を x の式に戻します。

$$y' = 3e^{3x}$$

（$u = 3x$ に戻します）

2) $u = x^2$ と置きます。合成関数の微分公式によって次のようになります。

$$y' = (e^u)'(x^2)' = e^u \cdot 2x$$

（合成関数の微分公式を使います）

u を x の式に戻します。

$$y' = 2xe^{x^2}$$

（$u = x^2$ に戻します）

理解度確認！(3.3)

次の関数の微分を求めよ。
1) $y = e^{2x-1}$
2) $y = e^x \cos x$

（解答は p.225）

3.4 対数関数を微分しよう

●対数関数とは?

さて今度は指数関数に関連して、対数関数について考えることにしましょう。指数関数 $y = a^x$ の逆関数として次の**対数関数**を考えることができます。

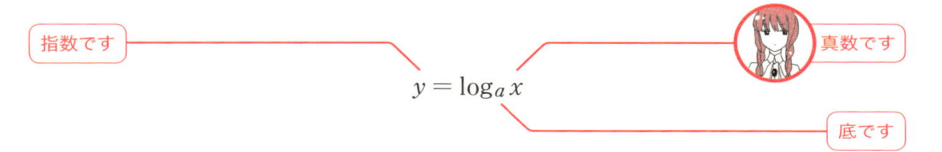

$$y = \log_a x$$

- 指数です
- 真数です
- 底です

a が底、x は真数、y が指数となっています。

対数関数のグラフは底 a の値によって次のようになります。定義域は正の実数全体（$x>0$）、値域は実数全体となります。

指数0について $a^0 = 1$ と定義されていることから、いずれにおいても対数関数は $y = 0$ のときには $x = 1$ となり、座標 $(1, 0)$ を通ることになります。

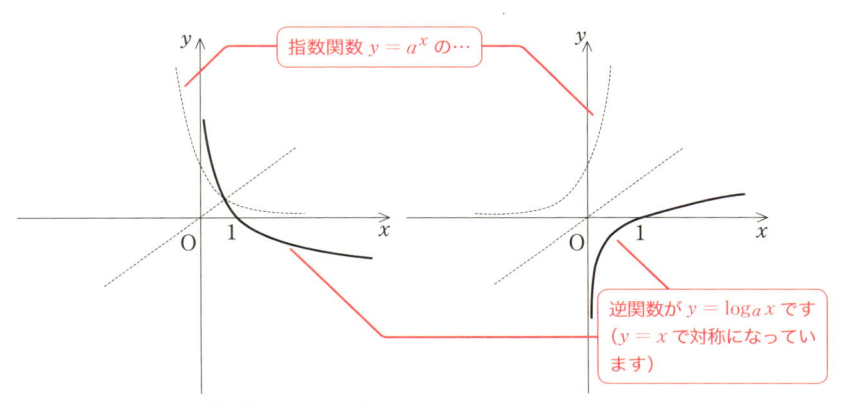

指数関数 $y = a^x$ の…

逆関数が $y = \log_a x$ です（$y = x$ で対称になっています）

▲対数関数のグラフ：(左) $0 < a < 1$、(右) $a > 1$

なお対数に関して次の法則が成り立ちます。指数法則から確認してみてください。

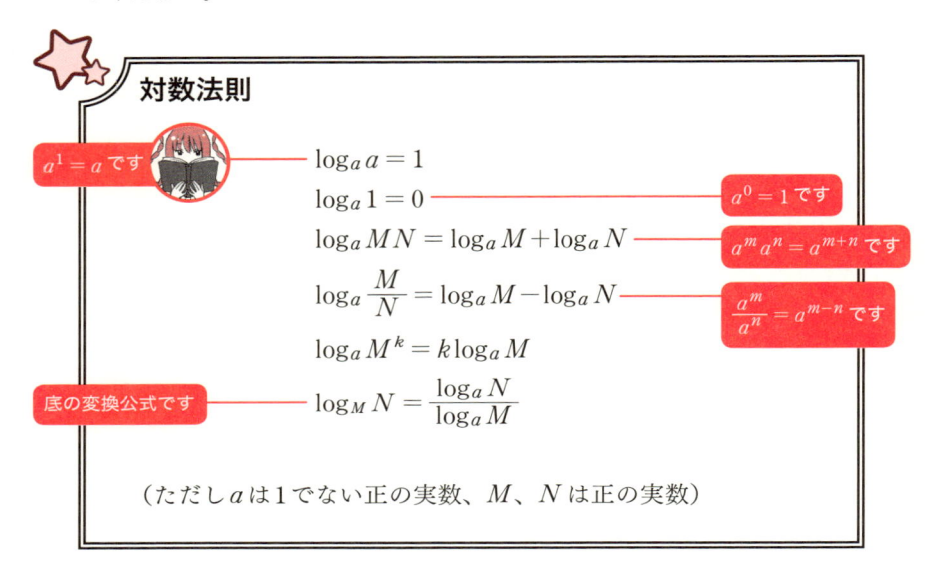

対数法則

$a^1 = a$ です ── $\log_a a = 1$

$\log_a 1 = 0$ ── $a^0 = 1$ です

$\log_a MN = \log_a M + \log_a N$ ── $a^m a^n = a^{m+n}$ です

$\log_a \dfrac{M}{N} = \log_a M - \log_a N$ ── $\dfrac{a^m}{a^n} = a^{m-n}$ です

$\log_a M^k = k \log_a M$

底の変換公式です ── $\log_M N = \dfrac{\log_a N}{\log_a M}$

（ただし a は 1 でない正の実数、M、N は正の実数）

なお、底が e（ネイピア数）である対数関数は次のように省略される場合もあります。これを**自然対数**と呼びます。本書でも自然対数は底 e を省略して表記していきます。

$$y = \log x$$

底 e を省略しています

Column／底の省略

ここでは、自然対数の底 e を省略しました。省略する底は対数が扱う題材によって異なる場合があります。

たとえば底が 10 の対数を「常用対数」といいます。大きな数を扱うには常用対数がひんぱんに使われるため、底 10 を省略する場合があります。またコンピュータなどの情報処理の世界では底が 2 である対数を使うことが多く、この場合には底 2 を省略することがあります。省略されている底を判断し、間違えないようにしましょう。

●対数関数を微分しよう

e を底とする対数関数（自然対数）の微分には次の公式があります。

> **e を底とする対数関数の微分**
>
> $$(\log x)' = \frac{1}{x}$$

この公式を証明してみることにしましょう。

例題 e を底とする対数関数の微分公式を証明せよ。

解答 e を底とする指数関数 $y = e^x$ の微分についてはすでにわかっています。$y = \log x$ はこの関数の逆関数です。そこで逆関数の微分の公式を使います。

$$(\log x)' = \frac{1}{(e^y)'} = \frac{1}{e^y}$$

（逆関数の微分公式を使います）

$y = \log x$ は $x = e^y$ であることから、公式が証明されます。

$$(\log x)' = \frac{1}{x}$$

●対数微分法に挑戦しよう

式の両辺について自然対数をとって微分を行う方法を**対数微分法**といいます。この方法を使うと、一般的な底 a をもつ指数関数・対数関数の微分について知ることができます。

たとえば次の一般的な指数関数の微分について考えてみましょう。

$$y = a^x$$

> この関数の微分を考えます

この両辺の対数をとってください。対数を取った式も成り立ちます。

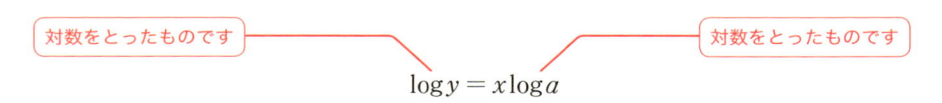

> 対数をとったものです

$$\log y = x \log a$$

> 対数をとったものです

次にこの両辺を x で微分します。ここでは左辺と右辺をそれぞれ微分してみます。

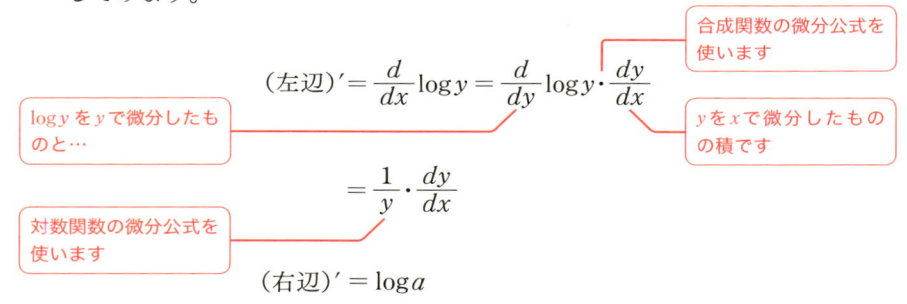

$$（左辺）' = \frac{d}{dx} \log y = \frac{d}{dy} \log y \cdot \frac{dy}{dx}$$

> 合成関数の微分公式を使います

> $\log y$ を y で微分したものと…

> y を x で微分したものの積です

$$= \frac{1}{y} \cdot \frac{dy}{dx}$$

> 対数関数の微分公式を使います

$$（右辺）' = \log a$$

したがって次の式が成り立つことになります。

> （左辺）' です

$$\frac{1}{y} \cdot \frac{dy}{dx} = \log a$$

> （右辺）' です

この式を変形しておきましょう。

$$\frac{dy}{dx} = y \log a$$

この式の右辺は次のようになります。

$$y \log a = a^x \log a$$

> $y = a^x$ です

よって次の式が成り立ちます。

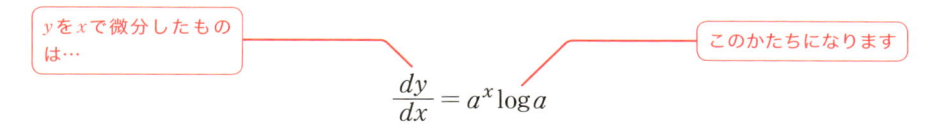

［yをxで微分したものは…］

$$\frac{dy}{dx} = a^x \log a$$

［このかたちになります］

したがって一般的な指数関数の微分は次のようになることがわかります。

［微分すると…］

$$(a^x)' = a^x \log a$$

［このかたちになります］

また、一般的な対数関数の微分の場合は次のように考えます。

$$(\log_a x)' = \left(\frac{\log x}{\log a}\right)' = \frac{1}{\log a}(\log x)' = \frac{1}{\log a} \cdot \frac{1}{x} = \frac{1}{x \log a}$$

［$\frac{1}{\log a}$ は定数であることに注意してください］

［底の変換公式です］

［対数の微分公式を使います］

これらの結果から、一般的な指数関数・対数関数について、次の公式が成り立つことがわかります。

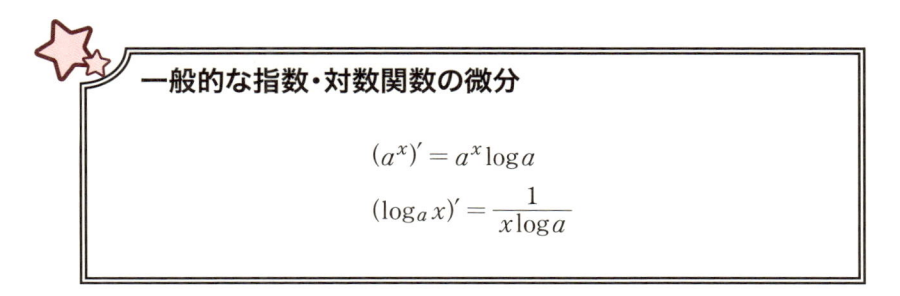

一般的な指数・対数関数の微分

$$(a^x)' = a^x \log a$$

$$(\log_a x)' = \frac{1}{x \log a}$$

練習
次の関数を微分せよ。
1) $y=(\log x)^2$
2) $y=\log(3x+2)$
3) $y=x\log x$
4) $y=\log x^2$
5) $y=xa^x$

解答

1) $u=\log x$ と置きます。
$$y=u^2$$

合成関数の微分公式を使った上で、u を元の式に戻します。

$$y'=(u^2)'(\log x)'=2u\cdot\frac{1}{x}=\frac{2\log x}{x}$$

合成関数の微分公式を使います

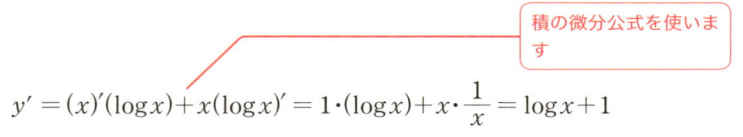

2) $u=3x+2$ と置きます。
$$y=\log u$$

合成関数の微分公式を使った上で、u を元の式に戻します。

$$y'=(\log u)'(3x+2)'=\frac{1}{u}\cdot 3=\frac{3}{3x+2}$$

合成関数の微分公式を使います

3) 積の微分公式を使います。

$$y'=(x)'(\log x)+x(\log x)'=1\cdot(\log x)+x\cdot\frac{1}{x}=\log x+1$$

積の微分公式を使います

86

4) $u = x^2$ と置きます。

$$y = \log u$$

合成関数の微分公式を使った上で、u を元の式に戻します。

> 合成関数の微分公式を使います

$$y' = (\log u)'(x^2)' = \frac{1}{u} \cdot 2x = \frac{2x}{x^2} = \frac{2}{x}$$

5) 積の微分公式を使います。

> 積の微分公式を使います

$$y' = (x)'a^x + x(a^x)' = 1 \cdot a^x + xa^x \log a = a^x(1 + x \log a)$$

三角関数・逆三角関数・指数関数・対数関数の微分について学びました。いろいろな関数を微分できるようになると便利でしょう。

理解度確認！(3.4)

次の関数の微分を求めよ。

1) $y = \dfrac{1}{\log x}$
2) $y = \log(2x^2 + 1)$

（解答は p.226）

第 ④ 章
微分を応用してみよう

微分を行うと、関数についてさまざまな情報を得ることができます。
関数について得た情報を生かすために、
微分についての各種定理をおさえておくことは大切です。
この章ではいろいろな定理やその応用を紹介しましょう。

4.1 関数を調べる準備をしよう

●関数の形を調べる準備をする

　さまざまな関数とその微分について学んできました。関数を微分することで、関数の接線の傾きについての情報が得られるのでした。このように、導関数を調べれば、関数をグラフとして書いたときの形について調べることができそうです。そこでこの章では、微分を使って関数についてよりくわしく調べていくことにしましょう。

　ところで関数についてくわしく調べるためには、いくつかの定理をおさえておく必要があります。この章で紹介しておきましょう。

●連続な関数とは？

　まず関数についての次の定義を紹介しましょう。

> **関数の連続**
> 次の式が成り立つならば、関数 $f(x)$ は $x=a$ で連続である。
> $$\lim_{x \to a} f(x) = f(a)$$

　x を a に近づけたとき、関数の値が $f(a)$ となる場合、関数はその個所で連続していると考えるのです。これまでの多くの関数は、定義域上のどの点でも連続となっています。

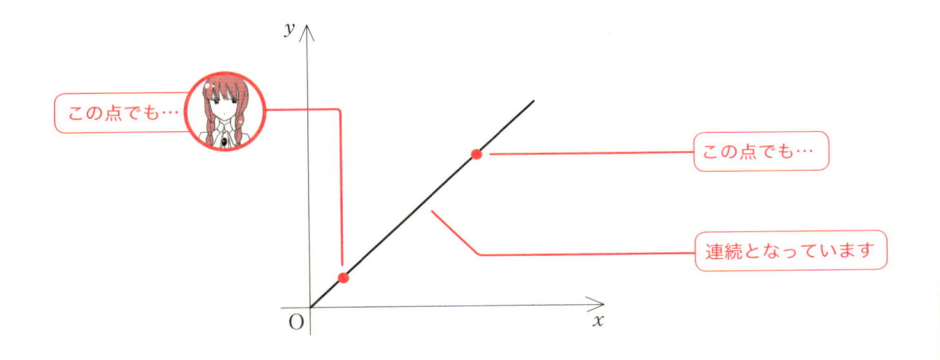

しかしたとえば $y = \tan x$ においては、$x = \dfrac{\pi}{2} + n\pi$ (n：整数) におい
て連続ではありません。

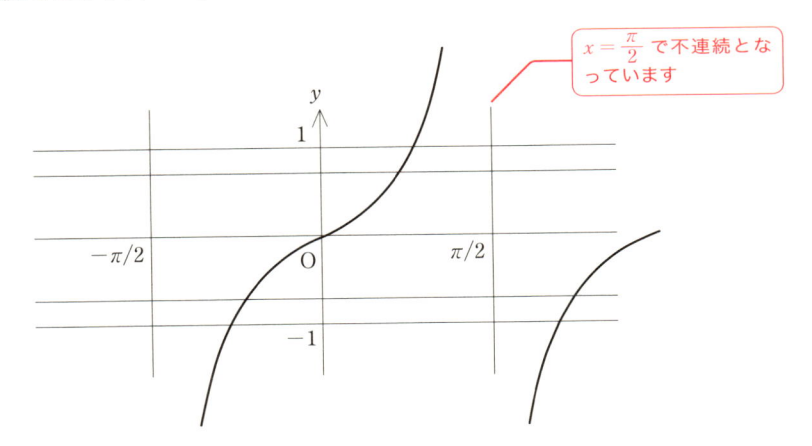

●微分可能な関数とは？

　さて1章では関数がある区間で微分可能である条件について示しました。この条件とは「hを0に近づけたときに $\dfrac{f(a+h)-f(a)}{h}$ の極限値が存在すること」、つまり「$\displaystyle\lim_{h \to 0}\dfrac{f(a+h)-f(a)}{h}$ が存在すること」です。ある区間でこの条件をみたす微分可能な関数は、その区間で連続となっています。

例題 $x=a$ で微分可能な関数は $x=a$ で連続であることを示せ。

解答 $x=a$ で微分可能である場合に次の式が成り立つことを示します。

$$\lim_{x \to a} f(x) = f(a)$$

これを示すために次の値を計算します。

$$\lim_{x \to a} \{f(x) - f(a)\}$$
$$= \lim_{x \to a} \left\{ \frac{f(x) - f(a)}{x - a} \cdot (x - a) \right\} \cdots ①$$

> $(x-a)$ で乗算・除算をします

ところで、$x = a + h$ とおくと、次の式が成り立っています。これは $x = a$ についての微分係数 $f'(a)$ となっています。

> 微分係数 $f'(a)$ です

$$\lim_{x \to a} \left\{ \frac{f(x) - f(a)}{x - a} \right\} = \lim_{a+h \to a} \left\{ \frac{f(a+h) - f(a)}{a+h-a} \right\} = \lim_{h \to 0} \left\{ \frac{f(a+h) - f(a)}{h} \right\}$$

さて、微分可能であるので、微分係数 $f'(a)$ が存在します。よって①の値は次のようになります。

> $f'(a)$ です

$$\lim_{x \to a} \left\{ \frac{f(x) - f(a)}{x - a} \cdot (x - a) \right\} = \lim_{x \to a} \left\{ \frac{f(x) - f(a)}{x - a} \right\} \cdot \lim_{x \to a} (x - a) = f'(a) \cdot 0$$
$$= 0$$

つまり $\lim_{x \to a} \{f(x) - f(a)\} = 0$ ですから、次の式が成り立ちます。

$$\lim_{x \to a} f(x) = \lim_{x \to a} f(a)$$

したがって公式が成り立ちました。

$$\lim_{x \to a} f(x) = f(a)$$

●微分可能でない場合とは？

微分可能な関数が連続であることがわかりました。しかしある区間で連続な関数が微分可能というわけではありません。

たとえば次の関数について考えてみましょう。

$$f(x) = |x|$$

この関数は $x = 0$ において連続ですが、微分可能ではありません。
まずこの関数が連続であることをしめしてみましょう。

$$\lim_{x \to 0} |x| = 0 = f(0)$$

$\lim_{x \to a} f(x) = f(a)$ となっています

このことから $f(x) = |x|$ は 0 において連続であるということができます。

しかしながらこの関数が微分可能ではないことを示してみましょう。このために $x = 0$ における微分係数を求めてみることにします。この関数では h の値によって $x = 0$ について異なる微分係数が求められます。

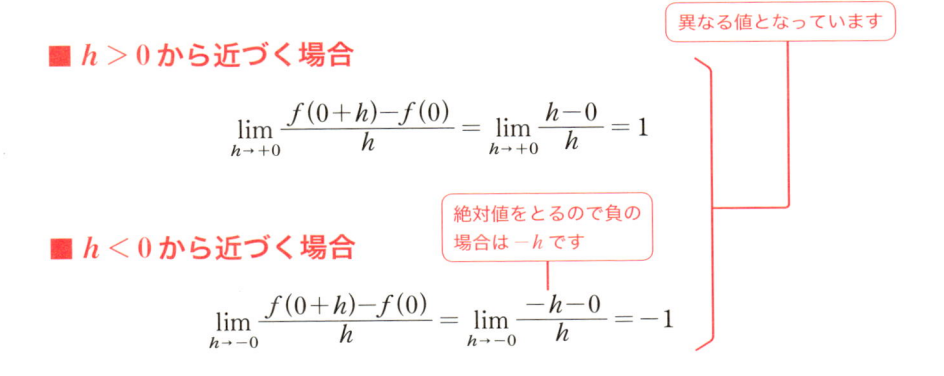

■ $h > 0$ から近づく場合

$$\lim_{h \to +0} \frac{f(0+h) - f(0)}{h} = \lim_{h \to +0} \frac{h - 0}{h} = 1$$

■ $h < 0$ から近づく場合

絶対値をとるので負の場合は $-h$ です

$$\lim_{h \to -0} \frac{f(0+h) - f(0)}{h} = \lim_{h \to -0} \frac{-h - 0}{h} = -1$$

異なる値となっています

つまり $x = 0$ について、正の方向から近づくか負の方向から近づくか、近づき方によって微分係数が異なり、一致していません。つまりこの関数は $x = 0$ で微分可能でないということになります。

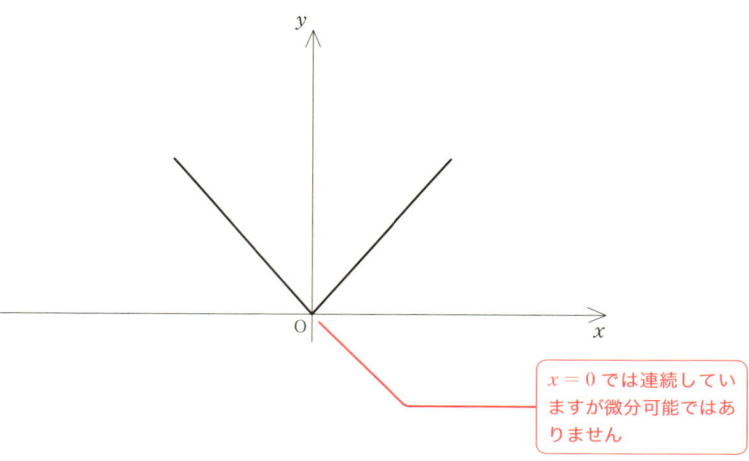

$x=0$ では連続していますが微分可能ではありません

Column / 微分可能性とは

直観的にいえば、関数が連続であることとは関数のグラフが途切れていないことにあたり、関数が微分可能であるということは、関数のグラフがなめらかになっていることにあたると考えられます。ある点でなめらかである関数はその点で連続になっていますね。しかし上のグラフは連続していますがなめらかではありません。

微分可能な場合、関数のグラフ上のその点ではただ１つの接線がひけるということですから、その点では関数は連続でなめらかになっていると考えられます。

●ロルの定理を学ぼう

さて、微分可能な関数については次の定理が成り立ちます。

ロルの定理

関数 $f(x)$ が区間 $[a, b]$ で連続であり、区間 (a, b) で微分可能であるとき、$f(a) = f(b)$ が成り立つならば、$f'(c) = 0$ となる、ある c $(a < c < b)$ が存在する。

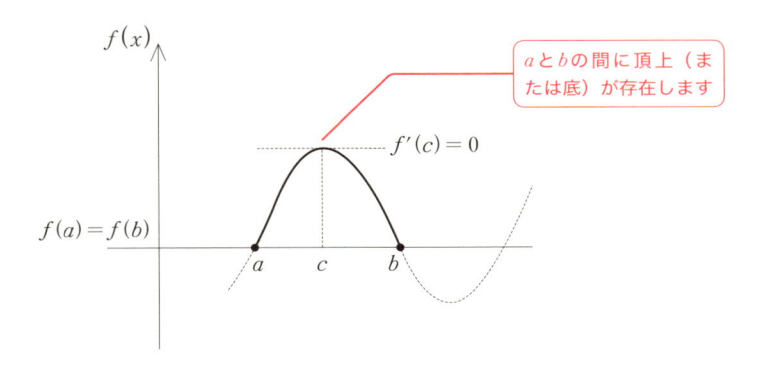

「$f'(c) = 0$ となる c が存在する」ということは、傾きが0となる接線がどこかにひけるということですから、ロルの定理は、ある区間で微分可能な関数については、その区間で

グラフの頂上または底のような
頂点となる箇所が存在する

ことを示しています。

この定理を証明するためには、通常、微分可能な関数が連続であることと、連続な関数について次の定理が明らかであることを使います。

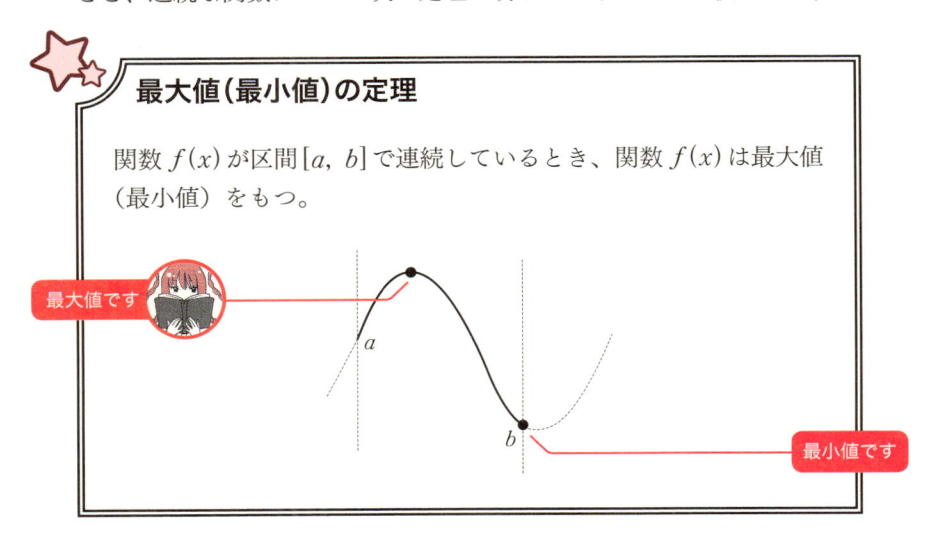

最大値(最小値)の定理

関数 $f(x)$ が区間 $[a, b]$ で連続しているとき、関数 $f(x)$ は最大値(最小値)をもつ。

それではロルの定理を証明してみましょう。

例題 ロルの定理を証明せよ。

解答 微分可能な関数 $f(x)$ は連続であるので、区間 $[a, b]$ で最大値（最小値）をもちます。$f(c)$ が最大値である仮定とすると、ある h に対して次の式が成り立ちます。

$$f(c+h) \leq f(c)$$

（$f(c)$ のほうが大きい値（または同じ値）となっています）

そこでまず、① $h > 0$ であるときを考えましょう。次の式が成り立ちます。

$$\frac{f(c+h)-f(c)}{h} \leq 0$$

（h は正なので分母は正です）
（$f(c)$ のほうが大きい（または同じ）ので分子は負（または0）です）
（全体は負となっています）

よって極限値について次の式が成り立ちます。

$$\lim_{h \to +0} \frac{f(c+h)-f(c)}{h} = f'(c) \leq 0$$

次に、② $h < 0$ であるときを考えましょう。次の式が成り立ちます。

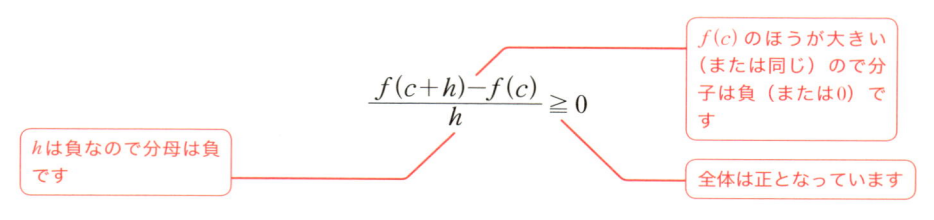

$$\frac{f(c+h)-f(c)}{h} \geq 0$$

（h は負なので分母は負です）
（$f(c)$ のほうが大きい（または同じ）ので分子は負（または0）です）
（全体は正となっています）

よって極限値について次の式が成り立ちます。

$$\lim_{h \to -0} \frac{f(c+h)-f(c)}{h} = f'(c) \geq 0$$

$f(x)$ が微分可能であることから、2 つの極限値は一致します。したがって $f'(c)$ の値は 0 であることになります。

なお、c が最小値の場合も同様に $f'(c) = 0$ であることが証明できます。

●平均値の定理を学ぼう

ロルの定理をより一般化した定理が知られています。次の平均値の定理をみてみましょう。

平均値の定理

関数 $f(x)$ が区間 $[a, b]$ で連続であり、区間 (a, b) で微分可能であるとき、次の式が成り立つある c $(a < c < b)$ が存在する。

$$\frac{f(b)-f(a)}{b-a} = f'(c)$$

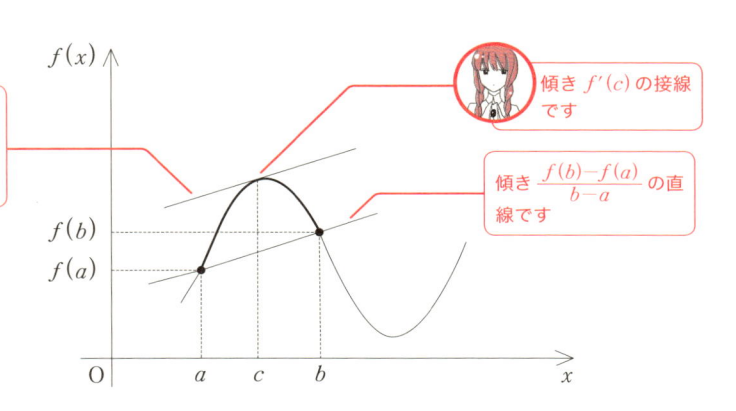

端点 $(a, f(a))$ と $(b, f(b))$ を結ぶ直線と同じ傾きの接線がひけます

傾き $f'(c)$ の接線です

傾き $\frac{f(b)-f(a)}{b-a}$ の直線です

平均値の定理は、ある区間で微分可能な関数では、区間の端点 $(a, f(a))$ と $(b, f(b))$ を結ぶ直線と同じ傾きの接線が、区間上のどこかにひける、ということをあらわしています。これはすなわち

**a, b 間の変化率（平均変化率）となる値が、
a, b 間のどこかに存在している**

ということにもなります。

例題 平均値の定理を証明せよ。

解答 平均値の定理を証明するために、関数 $f(x)$ と端点 $(a, f(a))$ と $(b, f(b))$ を結ぶ直線までの差をあらわす次の関数 $g(x)$ を考えてみましょう。

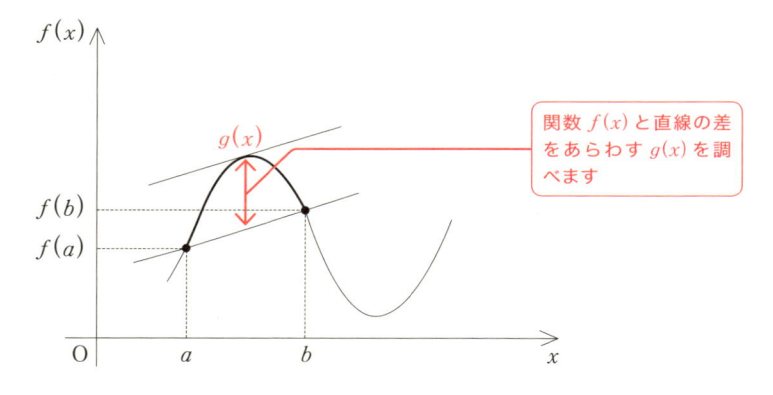

関数 $f(x)$ と直線の差をあらわす $g(x)$ を調べます

端点 $(a, f(a))$ と $(b, f(b))$ を結ぶ直線の方程式は次のようになっています。直線の方程式は1章で紹介していますのでふりかえってみてください（p.25）。

直線の傾きです

$$f(x) = \frac{f(b)-f(a)}{b-a}(x-a)+f(a)$$

したがって差を表す関数 $g(x)$ は次のようになります。

$$g(x) = f(x) - \left\{ \frac{f(b)-f(a)}{b-a}(x-a) + f(a) \right\}$$

> $f(x)$ と直線の差です

この関数 $g(x)$ について考えてみると、関数 $f(x)$ の端点においては差が0になっていることから、$g(a) = g(b) = 0$ となっています。したがってロルの定理から、$g'(c) = 0$ となる c が存在しているといえます。

そこでまず、$g(x)$ を微分してみましょう。式中の x の項に着目して微分すると次のようになります。

$$g'(x) = f'(x) - \frac{f(b)-f(a)}{b-a}$$

つまり、次の式を満たす c が存在することになります。

$$g'(c) = f'(c) - \frac{f(b)-f(a)}{b-a} = 0$$

したがって平均値の定理が成り立ちます。

$$\frac{f(b)-f(a)}{b-a} = f'(c)$$

> a, b 間の平均変化率となる値が c における接線の傾きとして存在する

●コーシーの平均値の定理を導こう

もう1つ、平均値の定理の応用として次の定理を紹介しましょう。

コーシーの平均値の定理

関数 $f(x)$、$g(x)$ が $[a, b]$ で連続、(a, b) で微分可能ならば、次の式をみたす c が存在する。

$$\frac{f(b)-f(a)}{g(b)-g(a)} = \frac{f'(c)}{g'(c)}$$

例題 コーシーの平均値の定理を証明せよ。

解答 ここで $X = g(x)$、$Y = f(x)$ としましょう。先の平均値の定理の証明でみてきたグラフと同様に、次の曲線を考えることができます。

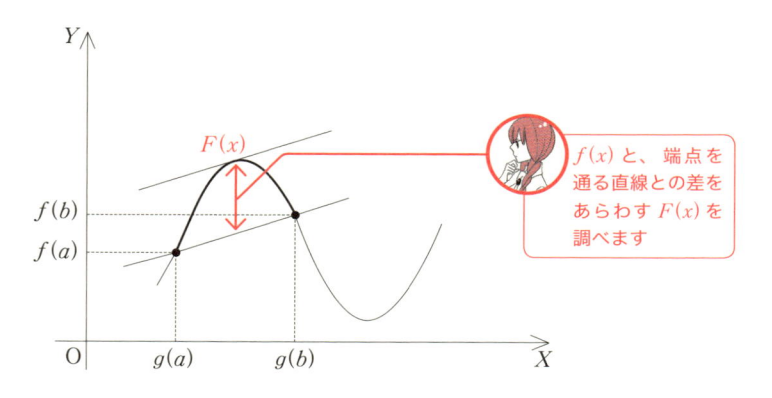

$f(x)$ と、端点を通る直線との差をあらわす $F(x)$ を調べます

この曲線の端 $(g(a), f(a))$ と $(g(b), f(b))$ を通る直線を考えます。

$$Y = \left\{ \frac{f(b)-f(a)}{g(b)-g(a)}(X-g(a)) + f(a) \right\}$$

曲線の Y 軸方向についての式 $Y = f(x)$ との差を表す関数 $F(x)$ は次のようになります。

$$F(x) = f(x) - \left\{ \frac{f(b)-f(a)}{g(b)-g(a)}(g(x)-g(a)) + f(a) \right\}$$

> $f(x)$ と直線の差です

この関数 $F(x)$ について考えてみましょう。直線は関数 $f(x)$ の端点を通り、差が 0、つまり $F(a) = F(b) = 0$ となっています。したがってロルの定理から、$F'(c) = 0$ となる c が存在しているといえます。そこでまず、$F(x)$ を微分してみましょう。次のようになります。

$$F'(x) = f'(x) - \frac{f(b)-f(a)}{g(b)-g(a)} g'(x) = 0$$

つまり、次の式を満たす c が存在することになります。

$$F'(c) = f'(c) - \frac{f(b)-f(a)}{g(b)-g(a)} g'(c) = 0$$

> この式を満たす c が存在する

したがってコーシーの平均値の定理が成り立ちます。

$$\frac{f(b)-f(a)}{g(b)-g(a)} = \frac{f'(c)}{g'(c)}$$

　これから私たちは微分によって関数の形をよりくわしく調べていくことにします。ここで紹介した定理は関数の形を調べる上での基礎になります。覚えておきましょう。

4.2 極限を調べてみよう

●関数の極限を計算する

関数の形を考える際には、端点などの箇所について極限値を求める場合があります。関数の極限には以下の種類があります。

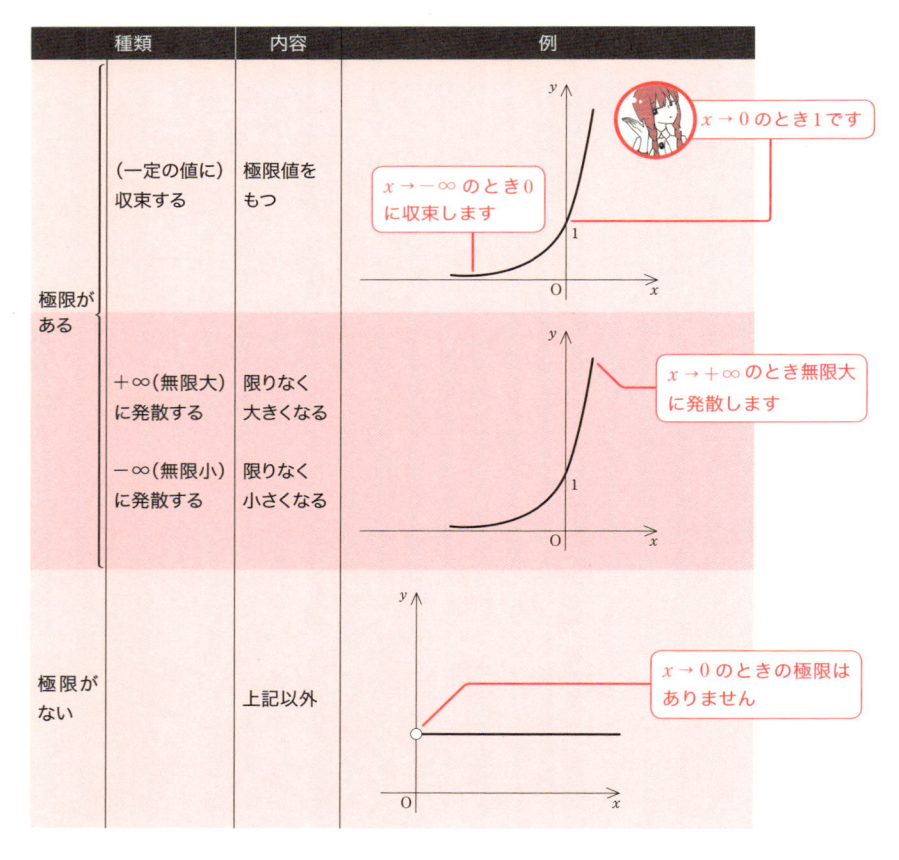

種類		内容	例
極限がある	（一定の値に）収束する	極限値をもつ	$x \to -\infty$ のとき0に収束します／$x \to 0$ のとき1です
	$+\infty$（無限大）に発散する	限りなく大きくなる	$x \to +\infty$ のとき無限大に発散します
	$-\infty$（無限小）に発散する	限りなく小さくなる	
極限がない		上記以外	$x \to 0$ のときの極限はありません

関数の極限を求めてみましょう。

4.2 極限を調べてみよう

例題 $\lim_{x \to \infty}(x^2 - x)$ を求めよ。

解答 極限はさまざまな方法で求めることになります。ここでは最も次数の高い項をくくりだします。$1/x$ のように「定数/∞」となる項は 0 に近づくことを利用して極限を考えます。

> 最も次数の高い項をくくりだします

> $x \to \infty$ のとき、$1/x$ の極限は 0 です

$$\lim_{x \to \infty}(x^2 - x) = \lim_{x \to \infty} x^2 \left(1 - \frac{1}{x}\right) = \infty(1 - 0) = \infty$$

このように 定数/∞ などの形にしたり、∞・∞、∞+∞ のように同じ方向に大きく（小さく）なるようにして極限を調べます。

Column／不定形

極限が 0・∞、∞−∞、0/0、∞/∞ の形は不定形と呼ばれ、そのままでは極限を計算することができません。このときには定数/∞、∞・∞、∞+∞ などとなるように式を変形して考えます。
なお 0/0、∞/∞ の不定形は、次のロピタルの定理によって求めることができる場合があります。

●極限が求められない場合には？

そのままでは極限値が求められない場合があります。たとえば $y = \dfrac{\sin x}{x}$ という関数について $x \to 0$ としたときの極限について考えてみてください。

$$\lim_{x \to 0} \frac{\sin x}{x}$$

$\dfrac{\sin x}{x}$ は x を 0 とした場合に、0/0 の不定形となり、このままでは極限を求めることはできません。

$$\lim_{x \to 0} \frac{\sin x}{x} = \lim_{x \to 0} \frac{0}{0}$$

関数の極限が不明です

このような不定形の極限について、次の定理を使って極限を簡単に求めることができる場合があります。

ロピタルの定理

$f(x)$、$g(x)$ が a を含む a の近くで連続しており、$x = a$ 以外で微分可能であるとする。

$\lim\limits_{x \to a} \dfrac{f'(x)}{g'(x)}$ が存在するとき、次のいずれかが成り立つとする。

① $\lim\limits_{x \to a} f(x) = \lim\limits_{x \to a} g(x) = 0$

② $\lim\limits_{x \to a} f(x) = \lim\limits_{x \to a} g(x) = \pm\infty$

このとき次の式が成り立つ。

関数の比の極限と…　　　　　　　　導関数の比の極限は…

$$\lim_{x \to a} \frac{f(x)}{g(x)} = \lim_{x \to a} \frac{f'(x)}{g'(x)} = \alpha \quad (一定)$$

同じです

つまり①$0/0$ または②∞/∞ のかたちとなっている関数の極限は、微分した導関数の比の極限と同じとなっているということになります。したがって関数の値が $0/0$ や ∞/∞ のかたちで極限が不明である場合でも、（同じ形をした）導関数の極限を求めればよいわけです。

先ほどの極限を求めてみましょう。

導関数の比から求めます

$$\lim_{x \to 0} \frac{\sin x}{x} = \lim_{x \to 0} \frac{(\sin x)'}{(x)'} = \lim_{x \to 0} \frac{\cos x}{1} = \lim_{x \to 0} \frac{1}{1} = 1$$

このロピタルの定理はコーシーの平均値の定理から導かれるものです。ここでは $0/0$ の不定形についての証明をしてみましょう。

4.2 極限を調べてみよう

例題 ①についてのロピタルの定理を証明せよ。

解答 a で連続、かつ①であることより $f(a) = g(a) = 0$ となります。よって次のように書くことができます。

$$\frac{f(x)}{g(x)} = \frac{f(x)-f(a)}{g(x)-g(a)}$$

$f(a) = 0$ となっています

$g(a) = 0$ となっています

ところでコーシーの平均値の定理から、x と a の間に、次のようになる c が存在します。

$$\frac{f(x)-f(a)}{g(x)-g(a)} = \frac{f'(c)}{g'(c)}$$

したがって次のようになる c が存在することになります。

$$\frac{f(x)}{g(x)} = \frac{f'(c)}{g'(c)}$$

ここで $x \to a$ に近づけたときの極限を考えます。このとき x と a の間の c も a に近づきますから、次の式が成り立ちます。

$$\lim_{x \to a} \frac{f(x)}{g(x)} = \lim_{c \to a} \frac{f'(c)}{g'(c)}$$

$c \to a$ を $x \to a$ に変えても同じです。よって定理が成り立ちます。

$$\lim_{x \to a} \frac{f(x)}{g(x)} = \lim_{x \to a} \frac{f'(x)}{g'(x)} = \alpha$$

次の極限値について考えてみましょう。

練習

次の極限値を求めよ。

1) $\lim_{x \to 0} \dfrac{e^x - 1}{x}$

2) $\lim_{x \to \infty} \dfrac{\log x}{x}$

解答

1) $x \to 0$ のとき $\dfrac{0}{0}$ となるため、ロピタルの定理を使って求めてみることにします。

$$\lim_{x \to 0} \frac{(e^x - 1)'}{(x)'} = \lim_{x \to 0} \frac{(e^x - 1)'}{1} = \lim_{x \to 0} e^x = 1$$

（ロピタルの定理を使います）

よって極限が求められます。

$$\lim_{x \to 0} \frac{e^x - 1}{x} = 1$$

2) $x \to \infty$ のとき $\dfrac{\infty}{\infty}$ となるため、ロピタルの定理を使って求めてみることにします。

$$\lim_{x \to \infty} \frac{(\log x)'}{(x)'} = \lim_{x \to \infty} \frac{\frac{1}{x}}{1} = \lim_{x \to \infty} \frac{1}{x} = \frac{1}{\infty} = 0$$

（ロピタルの定理を使います）

よって極限が求められます。

$$\lim_{x \to \infty} \frac{\log x}{x} = 0$$

理解度確認！(4.2)

次の極限を求めよ。

1) $\lim_{x \to \infty} \dfrac{x}{e^x}$

2) $\lim_{x \to 0} \dfrac{x^2}{\sin x}$

（解答は p.226）

4.3 極値を調べよう

●導関数の符号を考えてみよう

この節では関数の形を知るために導関数についてくわしくみていきましょう。導関数の符号によって以下が成り立ちます。

> **導関数の符号と関数の増減**
>
> 関数 $f(x)$ がある区間で微分可能なとき、
> その区間で常に $f'(x) > 0$ ならば、その区間で $f(x)$ は増加している。
> その区間で常に $f'(x) < 0$ ならば、その区間で $f(x)$ は減少している。

常に $f'(x) > 0$ であるということは、接線の傾きが常に正であるということになります。これは $f(x)$ が増加していることを意味しています。増加する場合、関数のグラフは次のような形になります。

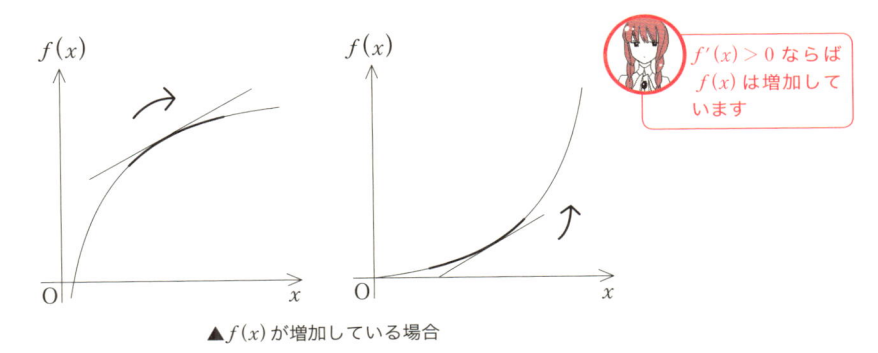

$f'(x) > 0$ ならば $f(x)$ は増加しています

▲ $f(x)$ が増加している場合

また常に $f'(x) < 0$ であるということは、接線の傾きが常に負であるということです。これは $f(x)$ が減少していることを意味しています。減

少する場合、関数のグラフは次のような形になります。

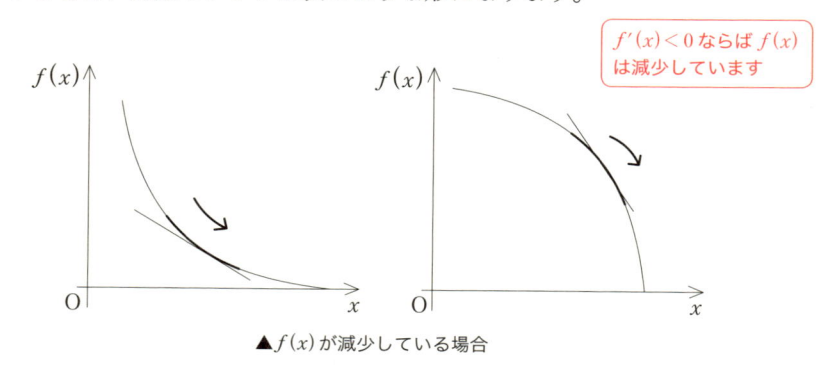

> $f'(x) < 0$ ならば $f(x)$ は減少しています

▲$f(x)$ が減少している場合

このことは平均値の定理によって証明されます。考えてみましょう。

例題 導関数と関数の符号について証明せよ。

解答 $x_1 < c < x_2$ となる、ある c について考えます。平均値の定理より次が成り立ちます。

$$\frac{f(x_2) - f(x_1)}{x_2 - x_1} = f'(c)$$

$f'(c) > 0$ のとき、次が成り立ちます。

> 分母が正ならば…　　　　　　　　　　　　　　　分子も正です

$$x_2 - x_1 > 0 \quad \text{ならば} \quad f(x_2) - f(x_1) > 0$$

つまり次のことがいえるでしょう。

> x が増加するならば…　　　　　　　　　　　　$f(x)$ も増加します

$$x_2 > x_1 \quad \text{ならば} \quad f(x_2) > f(x_1)$$

すなわち $f'(c) > 0$ のとき、x が増加するならば $f(x)$ は増加します。
同様に $f'(c) < 0$ のとき、次が成り立ちます。

$x_2 - x_1 > 0$　　ならば　　$f(x_2) - f(x_1) < 0$

- 分母が正ならば…
- 分子は負です

つまり次のことがいえるでしょう。

$x_2 > x_1$　　ならば　　$f(x_2) < f(x_1)$

- xが増加するならば…
- $f(x)$は減少します

すなわち $f'(c) < 0$ のとき、x が増加するならば $f(x)$ は減少します。

●関数の増減を調べてみよう

関数が増加から減少へと転じることを**極大**といいます。減少から増加へと転じることを**極小**といいます。

極大・極小を判別するためには、導関数 $f'(x)$ の符号を調べることで、関数 $f(x)$ の増減を調べます。

導関数 $f'(x)$ の符号が ＋ から － に変わるとき、関数 $f(x)$ の値が増加から減少に転じます。このとき極大となります。

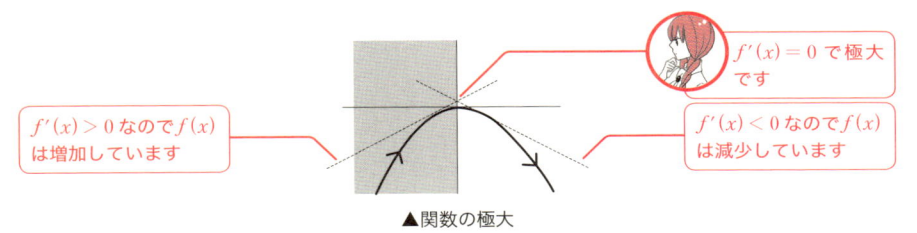

- $f'(x) > 0$ なので$f(x)$は増加しています
- $f'(x) = 0$ で極大です
- $f'(x) < 0$ なので$f(x)$は減少しています

▲関数の極大

導関数 $f'(x)$ の符号が － から ＋ に変わるとき、関数 $f(x)$ の値は減少から増大に転じます。このとき極小となります。

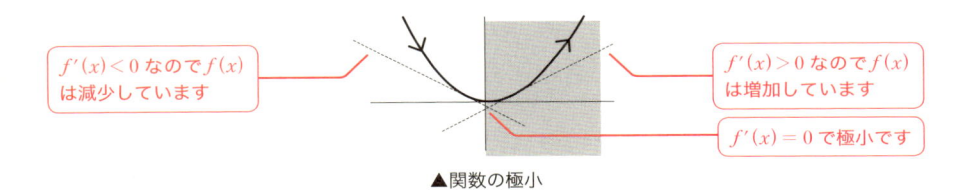

- $f'(x) < 0$ なので$f(x)$は減少しています
- $f'(x) > 0$ なので$f(x)$は増加しています
- $f'(x) = 0$ で極小です

▲関数の極小

そこで、関数の概形を調べるために、次のような関数・導関数の増減表を作成すると便利です。こうした増減表を作成することによって、たとえば図のような関数の概形を知ることができるでしょう。

x		a		b	
$f'(x)$	+	0	−	0	+
$f(x)$	↗ 増加	$f(a)$ 極大	↘ 減少	$f(b)$ 極小	↗ 増加

▲増減表

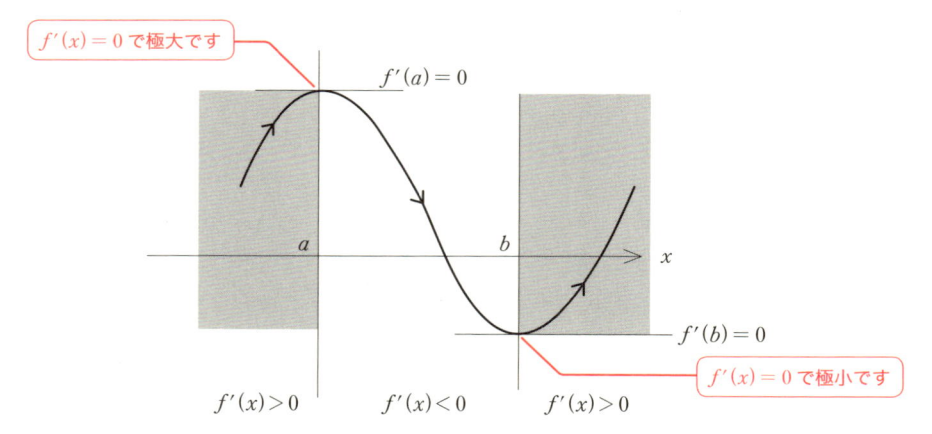

$f'(x) = 0$ で極大です
$f'(a) = 0$
$f'(b) = 0$
$f'(x) = 0$ で極小です
$f'(x) > 0$　$f'(x) < 0$　$f'(x) > 0$

それでは関数の概形と極値を考えてみましょう。

練習
次の関数の増減を調べよ。
1) $y = 2x^3 + 3x^2 - 12x + 5$
2) $y = \dfrac{1}{x^2 + 1}$
3) $y = \sin x - \cos x$（ただし $-\pi \leqq x \leqq \pi$）
4) $y = xe^x$

解答

1) まず導関数を求めます。

> $x = -2$ または 1 のとき $y' = 0$ となります

$$y' = (2x^3 + 3x^2 - 12x + 5)' = 6x^2 + 6x - 12 = 6(x+2)(x-1)$$

因数分解した上式より、$y' = 0$ となるのは $x = -2$ または 1 のときであるとわかります。そこで $f(-2)$ と $f(1)$ の値を調べておきましょう。

$$f(-2) = 2\cdot(-2)^3 + 3\cdot(-2)^2 - 12\cdot(-2) + 5$$
$$= 16 + 12 + 24 + 5 = 25 \ (極大)$$
$$f(1) = 2\cdot 1^3 + 3\cdot 1^2 - 12\cdot 1 + 5 = -2 \ (極小)$$

> 極値を調べます

なお、極大・極小については極値の前後の値について導関数 $f'(x)$ の符号を調べることでわかります。たとえば $x = -3$、0、2 などについて調べてみましょう。

$$f'(-3) = 6\cdot(-3+2)(-3-1) = 24$$

> $x < -2$ では $+$

$$f'(0) = 6\cdot(0+2)(0-1) = -12$$

> $-2 < x < 1$ では $-$

$$f'(2) = 6\cdot(2+2)(2-1) = 24$$

> $x > 1$ では $+$

$x < -2$ のとき導関数の符号は $+$、$-2 < x < 1$ のときの符号は $-$、$x > 1$ のときの符号は $+$ となっていることがわかります。

導関数の符号が $+$ から $-$ に変わる $x = -2$ のとき、関数 $f(x)$ の値が増加から減少に転じ、極大となります。また $-$ から $+$ に変わる $x = 1$ のとき、関数 $f(x)$ の値が減少から増加に転じ、極小となります。

また $\pm\infty$ について調べると次のようになります。

$$\lim_{x \to \infty}(2x^3+3x^2-12x+5) = \lim_{x \to \infty}\left\{x^3\left(2+\frac{3}{x}-\frac{12}{x^2}\right)+5\right\}$$
$$= \infty \cdot (2+0-0)+5 = \infty$$

$$\lim_{x \to -\infty}(2x^3+3x^2-12x+5) = \lim_{x \to -\infty}\left\{x^3\left(2+\frac{3}{x}-\frac{12}{x^2}\right)+5\right\}$$
$$= -\infty \cdot (2+0-0)+5 = -\infty$$

±∞について調べます

これらの情報から増減表を書いてみましょう。

x	$-\infty$		-2		1		∞
$f'(x)$		$+$	0	$-$	0	$+$	
$f(x)$	$-\infty$	↗ 増加	25 極大	↘ 減少	-2 極大	↗ 増加	∞

▲増減表

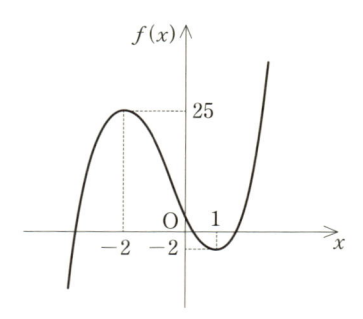

2) まず導関数を求めます。

$x=0$ のとき $y'=0$ となります

$$y' = \left(\frac{1}{x^2+1}\right)' = \frac{(1)'(x^2+1)-1(x^2+1)'}{(x^2+1)^2} = \frac{0-2x}{(x^2+1)^2} = \frac{-2x}{(x^2+1)^2}$$

上式より、$y'=0$ となるのは $x=0$ のときであるとわかります。そこで $f(0)$ の値を調べておきましょう。

$$f(0) = \frac{1}{x^2+1} = \frac{1}{0^2+1} = 1 \quad (極大)$$

極値を調べます

また、1) と同様に極値の前後の値を調べて導関数 $f'(x)$ の符号を確認してみてください。

たとえば $x = -1$、1 のときの符号を調べておきましょう。

$$f'(-1) = \frac{-2 \cdot (-1)}{((-1)^2+1)^2} > 0$$ $x < 0$ では $+$

$$f'(1) = \frac{-2 \cdot (1)}{((1)^2+1)^2} < 0$$ $x > 0$ では $-$

また $\pm\infty$ の極限値を調べると次のようになります。

$$\lim_{x \to \infty}\left(\frac{1}{x^2+1}\right) = \frac{1}{\infty+1} = 0$$
$$\lim_{x \to -\infty}\left(\frac{1}{x^2+1}\right) = \frac{1}{\infty+1} = 0$$

$\pm\infty$ について調べます

これらの情報から増減表を書いてみましょう。

x	$-\infty$		0		∞
$f'(x)$		$+$	0	$-$	
$f(x)$	0	↗ 増加	1 極大	↘ 減少	0

▲増減表

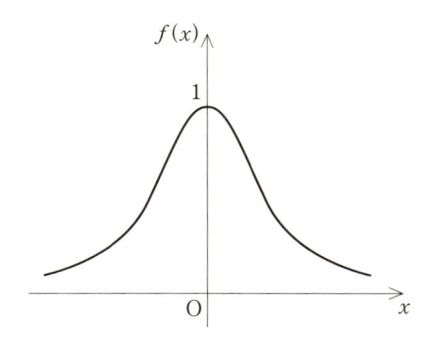

3) まず導関数を求めます。

$$y' = (\sin x - \cos x)' = \cos x + \sin x$$

$y' = 0$ のとき $\cos x + \sin x = 0$ ですから $\cos x = -\sin x$ となっています。$-\pi \leqq x \leqq \pi$ において $y' = 0$ となるのは $x = -\dfrac{\pi}{4}$ または $\dfrac{3\pi}{4}$ のときです。そこで $f\left(-\dfrac{\pi}{4}\right)$ と $f\left(\dfrac{3\pi}{4}\right)$ の値を調べておきましょう。

極値を調べます

$$f\left(-\frac{\pi}{4}\right) = \sin\left(-\frac{\pi}{4}\right) - \cos\left(-\frac{\pi}{4}\right) = -\frac{1}{\sqrt{2}} - \frac{1}{\sqrt{2}}$$

$$= -\frac{2}{\sqrt{2}} = -\sqrt{2} \quad (極小)$$

$$f\left(\frac{3\pi}{4}\right) = \sin\left(\frac{3\pi}{4}\right) - \cos\left(\frac{3\pi}{4}\right) = \frac{1}{\sqrt{2}} - \left(-\frac{1}{\sqrt{2}}\right)$$

$$= \frac{2}{\sqrt{2}} = \sqrt{2} \quad (極大)$$

なお端点となる $x = -\pi$、π の値は次のようになります。

端点について調べます

$$f(-\pi) = \sin(-\pi) - \cos(-\pi) = 0 - (-1) = 1$$
$$f(\pi) = \sin\pi - \cos\pi = 0 - (-1) = 1$$

これらの情報から増減表を書いてみましょう。

x	$-\pi$		$-\dfrac{\pi}{4}$		$\dfrac{3\pi}{4}$		π
$f'(x)$		$-$	0	$+$	0	$-$	
$f(x)$	1	↘ 減少	$-\sqrt{2}$ 極小	↗ 増加	$\sqrt{2}$ 極大	↘ 減少	1

▲増減表

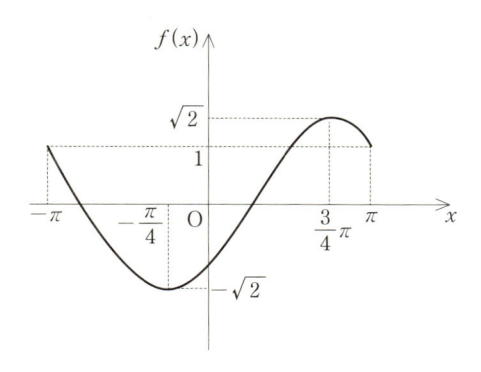

4) まず導関数を求めます。

> $x=-1$ のとき $y'=0$ となります

$$y' = (xe^x)' = (x)'e^x + x(e^x)' = e^x + xe^x = (1+x)e^x$$

$e^x \neq 0$ ですから、$y'=0$ となるのは $1+x=0$ のとき、すなわち $x=-1$ のときです。そこで $f(-1)$ の値を調べておきましょう。

$$f(-1) = xe^x = -1 \cdot e^{-1} = -e^{-1} \quad (極小)$$

> 極値について調べます

また、前後の値を調べて符号を確認してみてください。
たとえば $x=-2$、0 を調べてみましょう。

> $x<-1$ では −

$$f'(-2) = (1+(-2))e^{-2} = -e^{-2} < 0$$
$$f'(0) = (1+0)e^0 = 1 > 0$$

> $x>-1$ では ＋

なお $\pm\infty$ の極限値を調べると次のようになります。

$$\lim_{x \to \infty}(xe^x) = \infty \cdot \infty = \infty$$
$$\lim_{x \to -\infty}(xe^x) = -\infty \cdot 0$$

> $\pm\infty$ について調べます

なお $x \to -\infty$ のときは $-\infty \cdot 0$ となり定まらないので、分数に直して考えてみます。

$$\lim_{x \to -\infty} \frac{x}{e^{-x}} = \frac{-\infty}{\infty}$$

∞/∞ の不定形となるので、ロピタルの定理を使って極限値を求めます。

$$\lim_{x \to \infty} \frac{(x)'}{(e^{-x})'} = \lim_{x \to \infty} \frac{1}{-e^{-x}} = \frac{1}{-\infty} = 0$$

> ロピタルの定理を使いました

増減表を書いてみましょう。

x	$-\infty$		-1		∞
$f'(x)$		$-$	0	$+$	
$f(x)$	0	↘ 減少	$-e^{-1}$ 極小	↗ 増加	∞

▲増減表

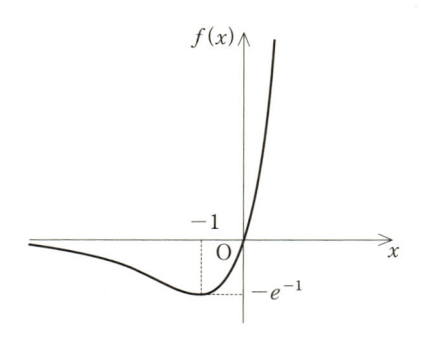

理解度確認！(4.3)

次の関数の増減表を書け。
1) $y = -4x^3 + 2x^2 + 1$
2) $y = e^x \cos x \quad (-\pi \leqq x \leqq \pi)$

（解答は p.226）

4.4 関数の凹凸を調べよう

●関数の凹凸とは?

　微分を繰り返すことで、関数の形についてよりくわしく知ることができます。微分を繰り返すとはどういうことでしょうか。

　まず、1度微分した導関数を、**1次導関数**と呼ぶことがあります。たとえば $y = f(x)$ を一度微分した導関数（1次導関数）は次のようになるわけです。

$$y' = f'(x)$$

> 1回微分した導関数です

　この1次導関数が微分可能なとき、この導関数 $y' = f'(x)$ を、x についてもう一度微分することを考えてみましょう。

　1次導関数をさらに微分して求めた導関数を**2次導関数**と呼びます。2次導関数は次のようにあらわせます。

$$y'' = f''(x)$$

> 2回微分した導関数です

　さて、微分したときには、元の関数の増減についてわかるのでしたから、この2次導関数の符号を調べると、1次導関数の増減について次のことがいえるでしょう。

ある区間で常に $f''(x) > 0$ ならば、
その区間で $f'(x)$ は増加している。

ある区間で常に $f''(x) < 0$ ならば、
その区間で $f'(x)$ は減少している。

このことをさらに元の関数について考えてみると、元の関数の状態は次のようになっているものと考えられます。

> **2次導関数の符号と関数**
>
> ある区間で関数 $f(x)$ が2回微分可能であるとき、
> その区間で常に $f''(x) > 0$ ならば、その区間で $f(x)$ は下に凸である。
> その区間で常に $f''(x) < 0$ ならば、その区間で $f(x)$ は上に凸である。

$f''(x) > 0$ のときを考えてみてください。このとき傾きをあらわす $f'(x)$ の値が増加しつつありますから、次のような形をしていることになります。これを**下に凸である**といいます。

▶下に凸　　　傾きの値が増加しつつあります

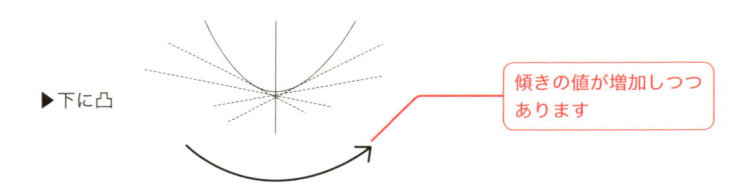

逆に $f''(x) < 0$ のときを考えてみてください。このとき傾きをあらわす $f'(x)$ の値が減少しつつありますから、次のような形をしていることになります。これを**上に凸である**といいます。

▶上に凸　　　傾きの値が減少しつつあります

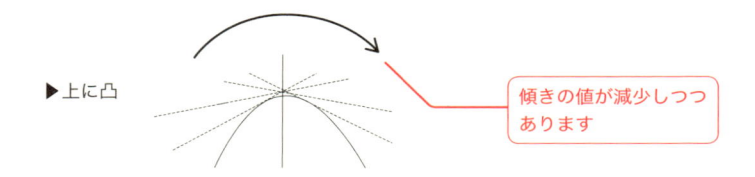

そこで関数の凹凸を知るためには、2次導関数の符号を含めた次の増減表を作成します。

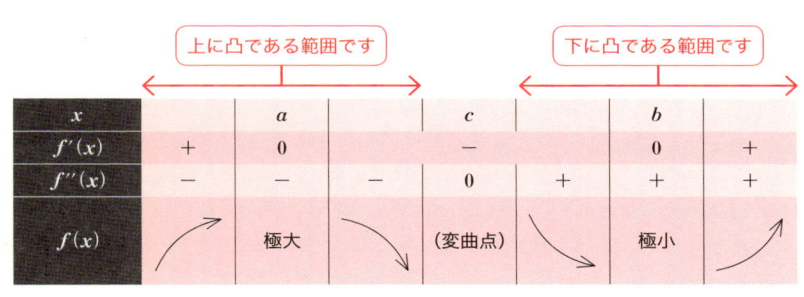

4.4 関数の凹凸を調べよう

x		a		c		b	
$f'(x)$	+	0	−	−	−	0	+
$f''(x)$	−	−	−	0	+	+	+
$f(x)$	↗	極大	↘	(変曲点)	↘	極小	↗

上に凸である範囲です / 下に凸である範囲です

▲増減表

関数 $f(x)$ は次のような形をしていることがわかるでしょう。なお $f''(x)$ の値が 0 となる点を**変曲点**といいます。

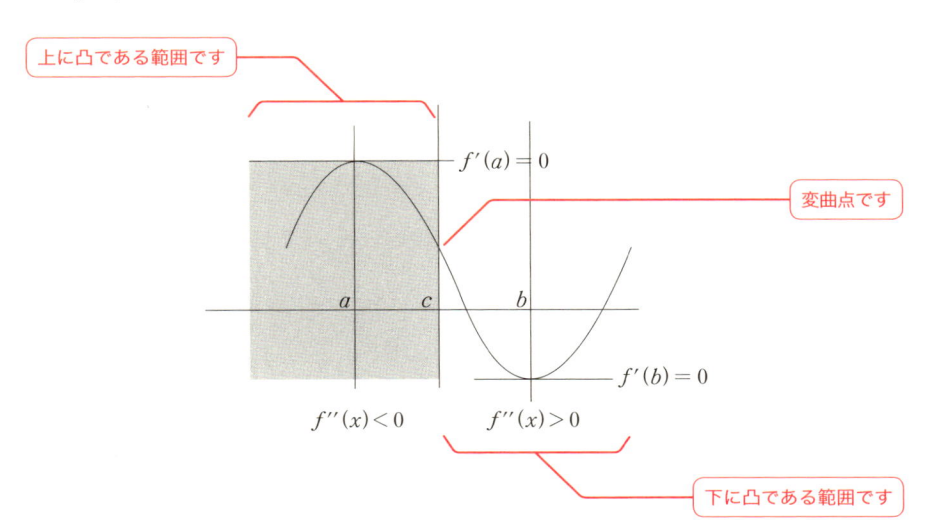

上に凸である範囲です
$f'(a) = 0$
変曲点です
$f'(b) = 0$
$f''(x) < 0$ $f''(x) > 0$
下に凸である範囲です

関数の凹凸を確認してみましょう。

> **練習**
> 次の曲線の凹凸を調べてグラフを作成せよ。
> 1) $y = x^3 + 3x^2$
> 2) $y = \cos x + \sin x$ （ただし $-\pi \leqq x \leqq \pi$）
> 3) $y = x \log x$

解答

1) まず微分して1次導関数を求めます。

$$y' = (x^3 + 3x^2)' = 3x^2 + 6x = 3x(x+2)$$

　〔1回微分しました〕

$y' = 0$ となるのは $x = 0$、-2 のときです。そこで $f(0)$、$f(-2)$ を調べておきましょう。

$$f(-2) = (-2)^3 + 3(-2)^2 = -8 + 12 = 4 \text{（極大）}$$
$$f(0) = 0^3 + 3 \cdot 0^2 = 0 \text{（極小）}$$

　〔極値を求めます〕

もう一度微分して2次導関数を求めます。

$$y'' = (3x^2 + 6x)' = 6x + 6 = 6(x+1)$$

　〔2回微分しました〕

$y'' = 0$ となるのは $x = -1$ のときです。

2次導関数の符号も確認してみてください。ここでは $x = -2$、0 について調べておきましょう。

$$f''(-2) = 6(-2+1) < 0$$
$$f''(0) = 6(0+1) > 0$$

　〔$x < -1$ では $-$〕
　〔$x > -1$ では $+$〕

なお $\pm\infty$ の極限値を調べると次のようになります。

　〔$\pm\infty$ について調べます〕

$$\lim_{x \to \infty}(x^3 + 3x^2) = \lim_{x \to \infty}\left\{x^3\left(1 + \frac{3}{x}\right)\right\} = \infty \cdot (1+0) = \infty$$

$$\lim_{x \to -\infty}(x^3 + 3x^2) = \lim_{x \to -\infty}\left\{x^3\left(1 + \frac{3}{x}\right)\right\} = -\infty \cdot (1+0) = -\infty$$

これらの情報をもとに増減表とグラフを書いてみましょう。

4.4 関数の凹凸を調べよう

x	$-\infty$		-2		-1		0		∞
$f'(x)$		$+$	0	$-$	$-$	$-$	0	$+$	
$f''(x)$		$-$	$-$	$-$	0	$+$	$+$	$+$	
$f(x)$	$-\infty$	↗	4 極大	↘	変曲点	↘	0 極小	↗	∞

▲増減表

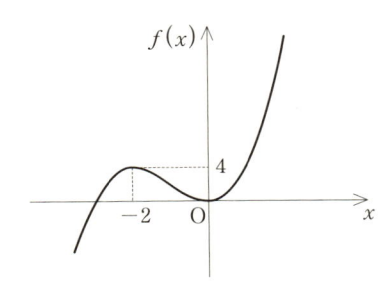

2) まず微分して1次導関数を求めます。

> 1回微分しました

$$y' = (\cos x + \sin x)' = -\sin x + \cos x$$

$y' = 0$ のとき $\sin x = \cos x$ となりますから、$y' = 0$ となるのは $x = -\dfrac{3\pi}{4}$、$\dfrac{\pi}{4}$ のときです。

そこで $f\left(-\dfrac{3\pi}{4}\right)$、$f\left(\dfrac{\pi}{4}\right)$ を調べておきましょう。

$$f\left(-\dfrac{3\pi}{4}\right) = \cos\left(-\dfrac{3\pi}{4}\right) + \sin\left(-\dfrac{3\pi}{4}\right) = -\dfrac{1}{\sqrt{2}} - \dfrac{1}{\sqrt{2}} = -\dfrac{2}{\sqrt{2}}$$
$$= -2^1 \cdot 2^{-\frac{1}{2}} = -2^{\frac{1}{2}} = -\sqrt{2} \quad (\text{極小})$$

$$f\left(\dfrac{\pi}{4}\right) = \cos\left(\dfrac{\pi}{4}\right) + \sin\left(\dfrac{\pi}{4}\right) = \dfrac{1}{\sqrt{2}} + \dfrac{1}{\sqrt{2}} = \dfrac{2}{\sqrt{2}} = \sqrt{2} \quad (\text{極大})$$

> 極値を求めます

さらに微分して2次導関数を求めます。

$$y'' = (-\sin x + \cos x)' = -\cos x - \sin x$$

> 2回微分しました

$y'' = 0$ となるのは $x = -\dfrac{\pi}{4}$、$\dfrac{3\pi}{4}$ のときです。

また、$x = -\pi$、π の値は次のようになります。

> 端点について調べます

$$f(-\pi) = \cos(-\pi) + \sin(-\pi) = (-1) + 0 = -1$$
$$f(\pi) = \cos\pi + \sin\pi - = (-1) + 0 = -1$$

これらの情報をもとに増減表を書いてみましょう。

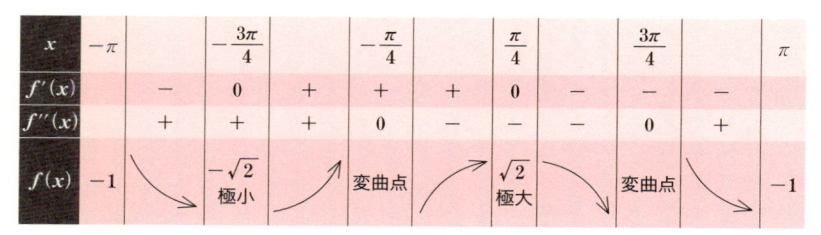

x	$-\pi$		$-\dfrac{3\pi}{4}$		$-\dfrac{\pi}{4}$		$\dfrac{\pi}{4}$		$\dfrac{3\pi}{4}$		π
$f'(x)$		$-$	0	$+$	$+$	$+$	0	$-$	$-$	$-$	
$f''(x)$		$+$	$+$	$+$	0	$-$	$-$	$-$	0	$+$	
$f(x)$	-1	↘	$-\sqrt{2}$ 極小	↗	変曲点	↗	$\sqrt{2}$ 極大	↘	変曲点	↘	-1

▲増減表

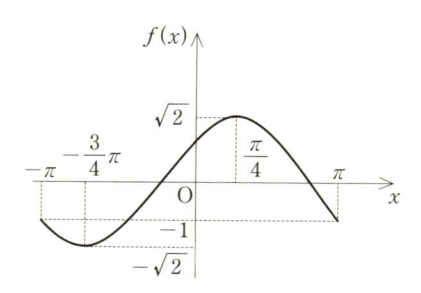

3) まず微分して導関数を求めます。

> 積の微分公式を使います

$$y' = (x \log x)' = (x)' \log x + x(\log x)'$$
$$= \log x + x \cdot \dfrac{1}{x} = \log x + 1$$

> 1回微分しました

4.4 関数の凹凸を調べよう

$y'=0$ となるのは $\log x = -1$、すなわち $x = e^{-1}$ のときです。
$f(e^{-1})$ を調べておきましょう。

$$f(e^{-1}) = e^{-1}\log e^{-1} = -e^{-1} \quad (極小)$$

> 極値を求めます

また、前後の値を調べて符号を確認してみてください。
たとえば $x = e^{-2}$、e を調べてみましょう。

$$f'(e^{-2}) = \log e^{-2} + 1 < 0$$
$$f'(e) = \log e + 1 > 0$$

> $x < e^{-1}$ では −
> $x > e^{-1}$ では +

もう一回微分します。

$$y'' = (\log x + 1)' = \frac{1}{x}$$

> 2回微分しました

y'' は0をとりません。また $\log x$ の定義から $x > 0$ であり、常に $y'' > 0$ となっています。

なお $x \to 0$ と $x \to \infty$ の極限値を調べると次のようになります。

$$\lim_{x \to \infty} x\log x = \infty \cdot \infty = \infty$$
$$\lim_{x \to 0} x\log x = 0 \cdot -\infty$$

> +∞、0について調べます

なお $x \to 0$ のとき $0 \cdot -\infty$ となり定まらないので、分数に直して考えてみます。

$$\lim_{x \to 0} \frac{\log x}{\frac{1}{x}} = \frac{-\infty}{\infty}$$

∞/∞ の不定形となるのでロピタルの定理を使って極限値を求めます。

> ロピタルの定理を使います

$$\lim_{x \to 0} \frac{(\log x)'}{\left(\frac{1}{x}\right)'} = \lim_{x \to 0} \frac{\frac{1}{x}}{-1 \cdot x^{-2}} = \lim_{x \to 0} \left(-\frac{x^2}{x}\right) = \lim_{x \to 0} (-x) = 0$$

増減表とグラフを書いてみましょう。

x	0		e^{-1}		∞
$f'(x)$		$-$	0	$+$	
$f''(x)$		$+$	$+$	$+$	
$f(x)$	(0)	↘	$-e^{-1}$ 極小	↗	∞

▲増減表

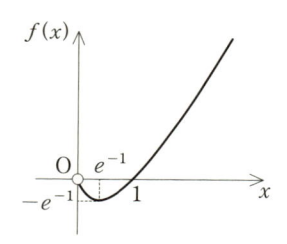

理解度確認！(4.4)

次の関数の極値・凹凸を調べよ。
1) $y = 2x^3 - 4x^2 + 2x + 5$
2) $y = xe^{-x}$

（解答は p.229）

4.5 近似する関数を調べよう

●多項式で近似してみる

微分を行い、関数の形についてさまざまな方法で考えてきました。

今度は関数を別の関数で近似する方法を学びます。多項式で近似する方法を学びましょう。x、x^2、x^3…の項からなる、よく知られた式で近似することを考えるのです。

$$y = \sin x \longrightarrow y = x - \frac{1}{6}x^3$$

> よく知られた多項式で近似することを考えます

●マクローリン展開を学ぼう

まず関数が次の形の多項式であらわされるものだとしましょう。

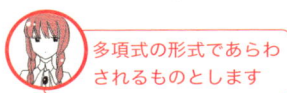

> 多項式の形式であらわされるものとします

$$f(x) = c_0 + c_1 x + c_2 x^2 + c_3 x^3 + \cdots + c_{n-1} x^{n-1} + c_n x^n$$

ここから各項の係数を求めてみましょう。順番に考えていくことにします。

■ c_0 について

$f(x)$ に関する式をみてください。

$$f(x) = c_0 + c_1 x + c_2 x^2 + c_3 x^3 + \cdots + c_{n-1} x^{n-1} + c_n x^n$$

c_0 はこの $f(x)$ に関する式を $x = 0$ とおくことで求めることができます。

> c_0 を求めることができました

$$f(0) = c_0 + 0 + 0 + \cdots \quad \text{すなわち} \quad c_0 = f(0)$$

■ c_1 について

c_0 がわかりました。次に $f'(x)$ に関する式を求めましょう。

$$f'(x) = c_1 + 2c_2 x + 3c_3 x^2 + \cdots + (n-1)c_{n-1} x^{n-2} + nc_n x^{n-1}$$

c_1 はこの $f'(x)$ に関する式を $x = 0$ とおくことで求めることができます。

$$f'(0) = c_1 + 0 + 0 + \cdots \quad \text{すなわち } c_1 = f'(0)$$

> c_1 を求めることができました

■ c_2 について

次に $f''(x)$ に関する式を求めましょう。

$$f''(x) = 1 \cdot 2 c_2 + 2 \cdot 3 c_3 x + \cdots + (n-1)(n-2) c_{n-1} x^{n-3} + n(n-1) c_n x^{n-2}$$

> c_2 を求めることができました

$$f''(0) = 2c_2 + 0 + 0 + \cdots \quad \text{すなわち } c_2 = \frac{f''(0)}{2}$$

このように考えていけば、関数 $f(x)$ を多項式と考えた場合には次のようになっていくと考えられます。

$$f(x) = f(0) + f'(0)x + \frac{f''(0)}{1 \cdot 2} x^2 + \frac{f'''(0)}{1 \cdot 2 \cdot 3} x^3 + \cdots$$

> このような多項式で近似できると考えられます

マクローリン展開

関数 $f(x)$ が $x = 0$ のまわりで n 回微分可能なとき、以下が成り立つ。

$$f(x) = f(0) + \frac{f'(0)}{1!} x + \frac{f''(0)}{2!} x^2 + \frac{f'''(0)}{3!} x^3 + \cdots$$

$$+ \frac{f^{(n-1)}(0)}{(n-1)!} x^{n-1} + R_n$$

ただし

$$R_n = \frac{f^{(n)}(c)}{n!} x^n, \ (0 < c < x)$$

マクローリン展開は $x=0$ の近傍で $f(x)$ を近似する方法となっています。

> **練習**
> 次の関数を $x=0$ のまわりで3次の項までマクローリン展開せよ。
> 1) $f(x) = \sin x$
> 2) $f(x) = \log(x+1)$
> 3) $f(x) = e^x$

解答

1) $f(x) = \sin x$、$f'(x) = \cos x$、$f''(x) = -\sin x$、$f'''(x) = -\cos x$ です。

$x = 0$ の場合の値を求めます。

$$f(0) = 0,\ f'(0) = 1,\ f''(0) = 0,\ f'''(0) = -1$$

よって次のように近似できます。

$$f(x) \fallingdotseq 0 + \frac{1}{1}x + \frac{0}{1\times 2}x^2 + \frac{-1}{1\times 2\times 3}x^3$$

$$= x - \frac{1}{6}x^3$$

> $f'(x)$ に商の微分公式を使います

2) $f(x) = \log(x+1)$、$f'(x) = \dfrac{1}{x+1}$、$f''(x) = -\dfrac{1}{(x+1)^2}$、$f'''(x) = \dfrac{2}{(x+1)^3}$ です。

> $f''(x)$ に商の微分公式と合成関数の微分公式を使います

$x = 0$ の場合の値を求めます。

$$f(0) = 0,\ f'(0) = 1,\ f''(0) = -1,\ f'''(0) = 2$$

よって次のように近似できます。

$$f(x) ≒ 0 + \frac{1}{1}x + \frac{-1}{2}x^2 + \frac{2}{1\times2\times3}x^3$$
$$= x - \frac{1}{2}x^2 + \frac{1}{3}x^3$$

3)　$f(x) = f'(x) = f''(x) = f'''(x) = e^x$ です。
　　$x = 0$ の場合の値を求めます。

$$f(0) = f'(0) = f''(0) = f'''(0) = 1$$

よって次のように近似できます。
$$f(x) ≒ 1 + \frac{1}{1}x + \frac{1}{1\times2}x^2 + \frac{1}{1\times2\times3}x^3$$
$$= 1 + x + \frac{1}{2}x^2 + \frac{1}{6}x^3$$

Column／多項式による近似

マクローリン展開は $x = 0$ の近くで多項式によって式が近似できることを意味します。たとえば $y = \sin x$ の場合は図のようになっています。

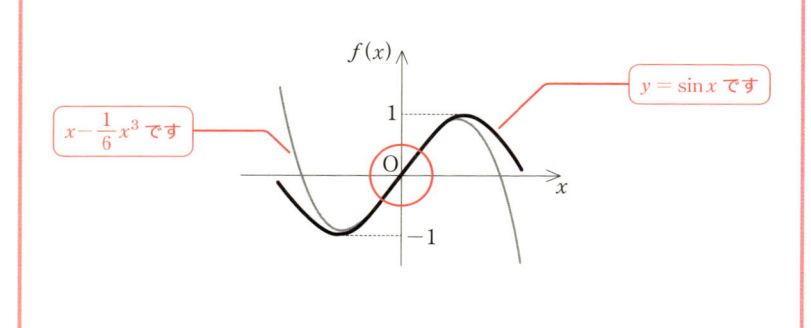

$x - \frac{1}{6}x^3$ です

$y = \sin x$ です

●テイラー展開を学ぼう

マクローリン展開を一般的にした近似として**テイラー展開**が知られています。テイラー展開では $x=a$ のまわりで近似します。

> **テイラー展開**
>
> 関数 $f(x)$ が $x=a$ のまわりで n 回微分可能なとき、以下が成り立つ。
>
> $$f(x) = f(a) + \frac{f'(a)}{1!}(x-a) + \frac{f''(a)}{2!}(x-a)^2 +$$
> $$\frac{f'''(a)}{3!}(x-a)^3 + \cdots + \frac{f^{(n-1)}(a)}{(n-1)!}(x-a)^{n-1} + R_n$$
>
> ただし
>
> $$R_n = \frac{f^{(n)}(c)}{n!}(x-a)^n, \ (a < c < x)$$

> **練習**
>
> 次の関数を指定された場所で3次の項までテイラー展開せよ。
>
> 1) $f(x) = \cos x \quad \left(x = \dfrac{\pi}{2}\right)$
> 2) $f(x) = e^x \quad (x = 1)$

解答

1) $f(x) = \cos x$、$f'(x) = -\sin x$、$f''(x) = -\cos x$、$f'''(x) = \sin x$ です。

$$f\left(\frac{\pi}{2}\right) = 0, \ f'\left(\frac{\pi}{2}\right) = -1, \ f''\left(\frac{\pi}{2}\right) = 0, \ f'''\left(\frac{\pi}{2}\right) = 1$$

よって次のように近似できます。

$$f(x) \fallingdotseq -0 + \frac{-1}{1}\left(x-\frac{\pi}{2}\right) + \frac{0}{1\times 2}\left(x-\frac{\pi}{2}\right)^2 + \frac{1}{1\times 2\times 3}\left(x-\frac{\pi}{2}\right)^3$$
$$= -\left(x-\frac{\pi}{2}\right) + \frac{1}{6}\left(x-\frac{\pi}{2}\right)^3$$

2)　$f(x) = f'(x) = f''(x) = f'''(x) = e^x$ です。
　　$x=1$ の場合の値を求めます。

$$f(1) = f'(1) = f''(1) = f'''(1) = e$$

よって次のように近似できます。

$$f(x) \fallingdotseq e + \frac{e}{1}(x-1) + \frac{e}{1\times 2}(x-1)^2 + \frac{e}{1\times 2\times 3}(x-1)^3$$
$$= e + e(x-1) + \frac{e}{2}(x-1)^2 + \frac{e}{6}(x-1)^3$$

Column ／ 展開できない関数

マクローリン展開・テイラー展開ができない関数もあります。定数を求める際に $x=0$ を代入しているからです。たとえば関数 $f(x) = \log x$ は $x=0$ が定義されていないので展開できません。

理解度確認！(4.5)

次の関数のマクローリン展開を 3 次の項まで求めよ。
1)　$f(x) = e^{2x}$
2)　$f(x) = x \sin x$

（解答は p.231）

第5章

積分の基本を学ぼう

微分によってさまざまな関数やその形を考えることができました。
この章から、積分について学んでいきましょう。
積分と微分はどのような関係になっているのでしょうか？
微分と積分の関係に注意しながら学んでいくことにしましょう。

5.1 積分の世界とは？

●時間と速度をもう一度考えてみる

　これまでの章では微分について学んできました。この章から積分について学んでいくことにします。まず積分について学ぶ前に、もう一度本書の冒頭に立ち戻ってみることにしましょう。

　本書の冒頭1.1節ではいろいろな速度で移動する物体について考えました。このうち一定の速度で進む場合の時刻と速度の関係は、次のようになっていました。

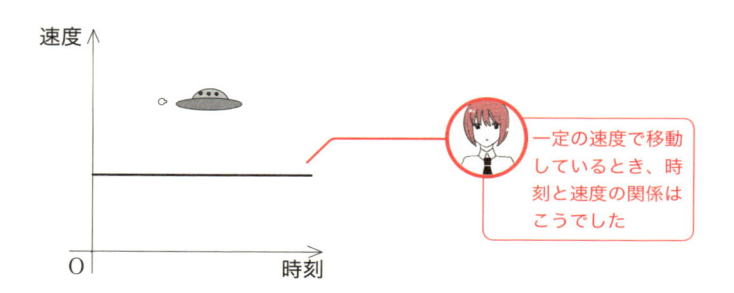

一定の速度で移動しているとき、時刻と速度の関係はこうでした

　このとき、物体が移動した距離について考えてみてください。移動距離は速度×時間ですから、グラフ上の次の面積として考えることができます。

5.1 積分の世界とは？

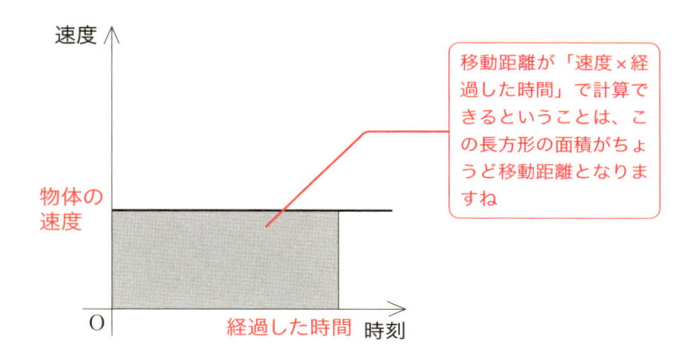

> 移動距離が「速度×経過した時間」で計算できるということは、この長方形の面積がちょうど移動距離となりますね

（グラフ：速度／時刻、物体の速度、経過した時間）

●速度が変化する場合の距離は？

それでは次のように速度が変わっていく場合の移動距離はどうなっているでしょうか？

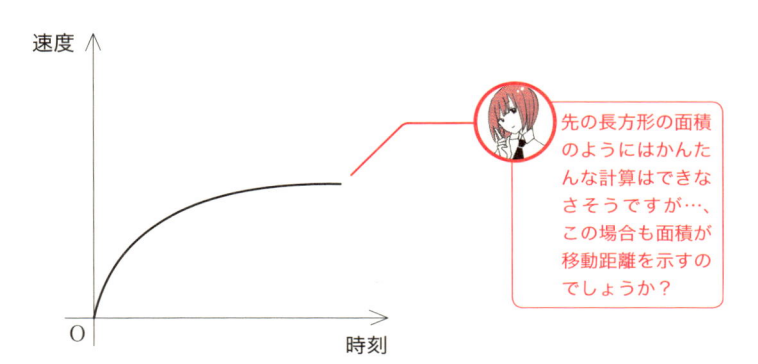

> 先の長方形の面積のようにはかんたんな計算はできなさそうですが…、この場合も面積が移動距離を示すのでしょうか？

（グラフ：速度／時刻）

　ある時点のまわりで、ごく短い時間を考えてみましょう。「その時点の速度×ごく短い時間」を計算した長方形の面積を考えます。そしてそれらをすべて集めたものを移動距離と考えることができます（次ページグラフ上の面積）。

　グラフと長方形上部のガタガタ部分がぴったり合わず、気になる方がいるかもしれませんね。しかし、長方形の横幅をできる限り狭めるように考えていけば、ガタガタした部分が小さくなって、最終的にグラフに近づくことがイメージできると思います。

133

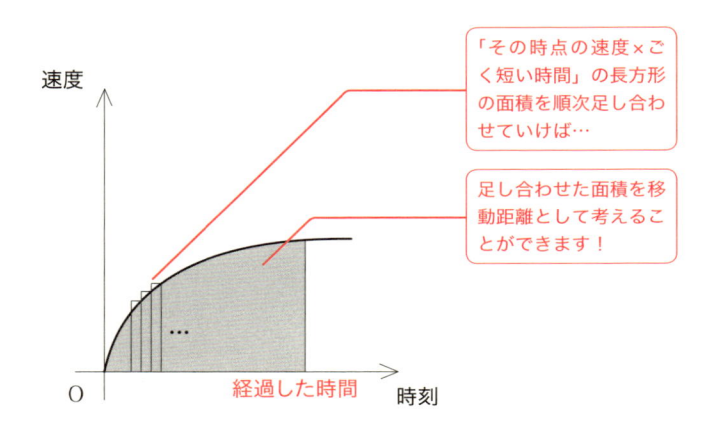

[図: 速度と時刻のグラフ。曲線下の面積が斜線で示されている。吹き出し:「その時点の速度×ごく短い時間」の長方形の面積を順次足し合わせていけば…／足し合わせた面積を移動距離として考えることができます！／横軸「経過した時間」「時刻」、縦軸「速度」]

　考え方についてはわかりました。しかしこの面積は、どのような計算で求めればいいでしょうか。このような面積について考えていこうとする技術が積分です。積分も微分と同じように、さまざまな分野への応用が可能となっています。

●微分と積分には逆の関係がある

　ところで1.1節では、微分の考え方によって時刻と距離の関係から、時刻と速度の関係を導き出しました。一方本節で説明した、時刻と速度の関係から時刻と距離の関係を考える積分は、微分とは逆の考え方になっていると言えます。

　それではこれから積分について学んでいきましょう。

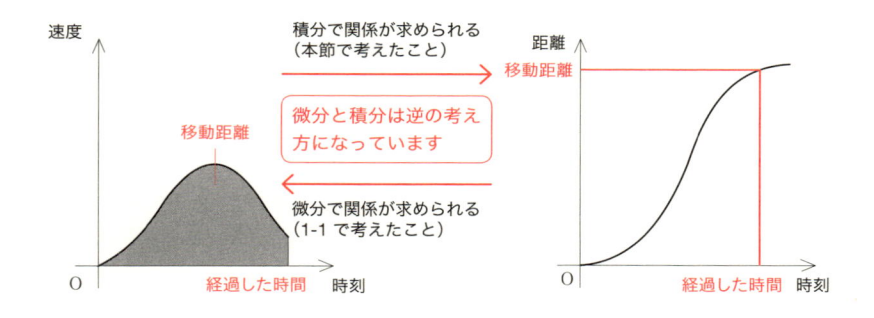

[図: 左側に速度-時刻グラフ（山型、面積が移動距離）、右側に距離-時刻グラフ（S字カーブ、移動距離を示す）。矢印で「積分で関係が求められる（本節で考えたこと）」「微分と積分は逆の考え方になっています」「微分で関係が求められる（1-1で考えたこと）」と説明]

5.2 不定積分を学ぼう

●原始関数とは？

これまで微分について考えてきました。関数を微分して導関数を考えてきたわけです。

今度は逆に考えることにします。つまり、

$$\text{微分すると } f(x) \text{ となる関数 } F(x)$$

を考えるのです。このような関数 $F(x)$ を $f(x)$ の**原始関数**といいます。

すなわち原始関数について次の式が成り立っています。

$$F'(x) = f(x)$$

> このような関数を考えます

たとえば $f(x) = 2x$ としましょう。$(x^2)' = 2x$ であることから、$F(x) = x^2$ という関数は $f(x)$ の原始関数となっています。

原始関数は1つとは限りません。たとえば $G(x) = x^2 + 2$ という別の関数について考えてみてください。$(x^2 + 2)' = 2x$ ですから、$G(x) = x^2 + 2$ も $f(x)$ の原始関数となっています。原始関数は複数存在するのです。

$$F(x)$$
$$G(x)$$
$$\cdots$$

> 原始関数は複数存在することができます

●不定積分を考えよう

ある関数 $f(x)$ の原始関数の1つを $F(x)$ とすると、原始関数はそれに定数 C を付加した $F(x) + C$ の形であらわすことができます。関数を微分すると定数の項は消えますから、逆を考えた場合には、どのような定数でも付加できることがわかるでしょう。

ある関数：$f(x) = 2x$
原始関数の例：$F(x) = x^2$
$G(x) = x^2 + 2$

> 微分すると定数は消えますから…

> $F(x) + C$ の形になっています

ある関数の原始関数の1つを、**不定積分**といいます。不定積分は次の形で記述します。

$$\int f(x)dx$$

> $f(x)$ の原始関数です

一般的な原始関数の形 $F(x) + C$ について、次の式が成り立ちます。C は**積分定数**と呼ばれています。原始関数を求めることを**積分する**ともいいます。

不定積分

$$\int f(x)dx = F(x) + C$$

（ただし $F(x)$ は原始関数の1つ、C は積分定数）

●不定積分を計算しよう

原始関数を微分した関数が元の関数だったわけですから、原始関数と元の関数の関係を、微分の考えかたから求めることができます。

このうち、最もよく使われるのが n 乗の不定積分についての公式です。n 乗の不定積分については、次の公式が成り立っています。

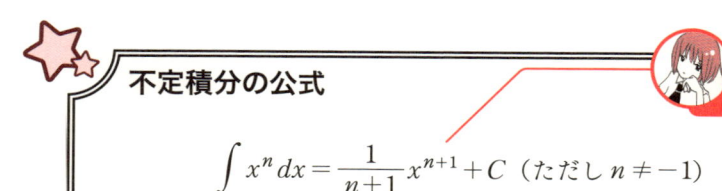

不定積分の公式

$$\int x^n dx = \frac{1}{n+1} x^{n+1} + C \quad (ただし n \neq -1)$$

> 次数が1あがります

> $\dfrac{1}{次数 + 1}$ を乗じます

---

n乗の微分公式とは逆に、次数を1上げることになります。それではこの公式を確認してみましょう。

例題 不定積分の公式を証明せよ。

解答 左辺は、微分すると x^n となる原始関数をあらわす不定積分です。したがって、右辺（原始関数）を微分したときにも、x^n となっていることを示せばよいことになります。

> 微分します

$$（右辺）' = \left(\frac{1}{n+1}x^{n+1} + C\right)' = \left(\frac{1}{n+1}\right)(n+1)x^n = x^n$$

> 元の関数となっています

したがって公式が成り立つことがわかります。

●不定積分の公式を使おう

微分に定数や和・差の公式があったように、定数と和・差の不定積分については次の公式が成り立ちます。覚えておくと便利でしょう。

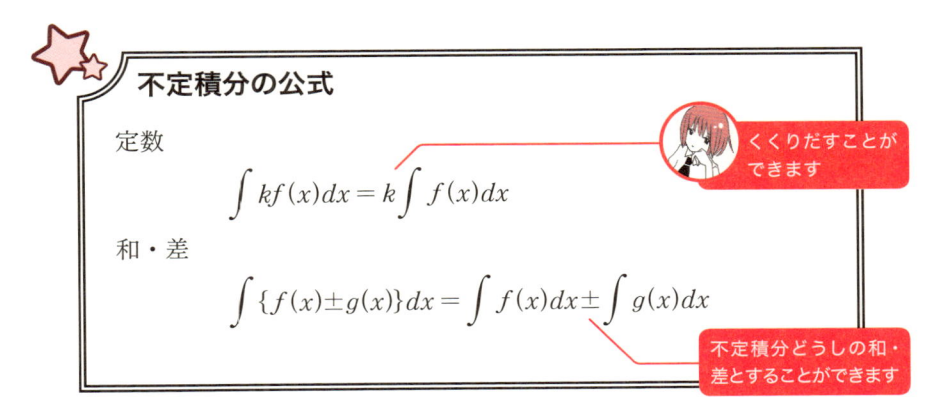

不定積分の公式

定数

$$\int kf(x)dx = k\int f(x)dx$$

> くくりだすことができます

和・差

$$\int \{f(x) \pm g(x)\}dx = \int f(x)dx \pm \int g(x)dx$$

> 不定積分どうしの和・差とすることができます

これらの公式は微分法の公式より確認することができます。定数の公式について確認しておきましょう。

例題 定数についての公式を証明せよ。

解答 左辺は微分すると、$kf(x)$ となる原始関数をあらわす不定積分です。したがって、右辺を微分したときにも、$kf(x)$ となっていることを示せばよいことになります。

$$(右辺)' = \left(k\int f(x)dx\right)' = k\left(\int f(x)dx\right)'$$

> 定数の微分公式を使いました

$$= kf(x)$$

> 不定積分の定義から、原始関数を微分したものは $f(x)$ です

> 微分すると $kf(x)$ となりました

よって公式が成り立ちます。

それでは次の例題でこれらの公式を利用してみましょう。

練習
次の不定積分を求めよ。
1) $\int (2x+1)dx$
2) $\int (3x^2-5x+2)dx$

解答

定数の公式と和・差の公式を使います。

1) $\displaystyle\int (2x+1)dx = 2\int x\,dx + \int 1\,dx$ ←定数の公式を使います
　　　　　　　　$= 2\cdot\dfrac{1}{2}x^2 + 1\cdot x + C$ ←和の公式を使います
　　　　　　　　$= x^2 + x + C$ ←原始関数として積分定数を付加します

2) $\displaystyle\int (3x^2-5x+2)dx = 3\int x^2\,dx - 5\int x\,dx + \int 2\,dx$ ←定数の公式を使います
　　　　　　　　　　$= 3\cdot\dfrac{1}{3}x^3 - 5\cdot\dfrac{1}{2}x^2 + 2x + C$ ←差の公式を使います
　　　　　　　　　　$= x^3 - \dfrac{5}{2}x^2 + 2x + C$ ←原始関数として積分定数を付加します

このほかにも三角関数・逆三角関数・指数関数・対数関数に関して次の公式があります。使いこなせるようになると便利でしょう。

三角関数の不定積分の公式

$$\int \sin x\,dx = -\cos x + C$$

$$\int \cos x\,dx = \sin x + C$$

$$\int \dfrac{1}{\cos^2 x}\,dx = \tan x + C$$

逆三角関数の不定積分の公式

$$\int \frac{1}{\sqrt{1-x^2}} dx = \sin^{-1} x + C$$

$$\int \frac{-1}{\sqrt{1-x^2}} dx = \cos^{-1} x + C$$

$$\int \frac{1}{1+x^2} dx = \tan^{-1} x + C$$

指数関数・対数関数の不定積分の公式

$$\int \frac{1}{x} dx = \log|x| + C$$

$$\int e^x dx = e^x + C$$

いろいろな公式がありますが、1つとりあげて確認しておきましょう。

例題 $\int \cos x \, dx = \sin x + C$ を証明せよ。

解答 これまでの方法と同じです。右辺を微分したときにも、$\cos x$ となっていることを示せばよいことになります。

$$(右辺)' = (\sin x + C)' = \cos x$$

> 三角関数の微分公式を使います

よって公式が成り立ちます。

5.2 不定積分を学ぼう

他の公式も微分公式を使って確認してみてください。それではこれらの公式を使って次の不定積分の計算をしておきましょう。

練習
次の不定積分を求めよ。
1) $\int (\sin x + \cos x)dx$
2) $\int (e^x + x)dx$

解答

1) $\int (\sin x + \cos x)dx = \int \sin x \, dx + \int \cos x \, dx$
$= -\cos x + \sin x + C$

三角関数の公式を使います

2) $\int (e^x + x)dx = \int e^x dx + \int x \, dx$
$= e^x + \dfrac{1}{2}x^2 + C$

指数関数の公式を使います

理解度確認!(5.2)

次の関数の積分を求めよ。
1) $\int (x^2 + 3x - 1)dx$
2) $\int \left(x - \dfrac{1}{x}\right)dx$

（解答は p.232）

5.3 部分積分と置換積分

●部分積分を学ぼう

微分では合成関数や逆関数の公式を使って簡単に微分ができる場合について紹介しました。

積分でも簡単に積分を求めることができる場合があります。この節では部分積分と置換積分について紹介しましょう。

式の一部を積分するだけで全体の積分を求めることができる場合があります。次の公式をみてください。

部分積分の公式

$$\int f(x)g'(x)dx = f(x)g(x) - \int f'(x)g(x)dx$$

$g(x)$ の積分を考えることで計算できます

この部分積分の公式は、積分する関数が積の形から成り立っているときに利用することを検討できます。

また部分積分は、特に $f(x)$ が積分しにくく、$g(x)$ が積分しやすい関数である場合に重要です。$f(x)$ の原始関数を求めることなく積分を計算できるからです。

それでは、部分積分の公式が成り立つことを確認しておきましょう。

例題 部分積分の公式を証明せよ。

解答 部分積分の公式は積の微分公式から導かれます。まず積の微分公式を思い出してみましょう。積の微分は次のようになっていました。

5.3 部分積分と置換積分

$$\{f(x)g(x)\}' = f'(x)g(x) + f(x)g'(x)$$

> 積の微分公式です

ここから次の式が成り立ちます。

$$f(x)g'(x) = \{f(x)g(x)\}' - f'(x)g(x)$$

> 上の式を移項しました

上式について両辺を積分することで、次の式が成り立ちます。

$$\int f(x)g'(x)dx = \int \{\{f(x)g(x)\}' - f'(x)g(x)\}dx$$

> 上式の両辺の不定積分について成り立つ式です

> 差の公式を使いました

$$= \int \{f(x)g(x)\}'dx - \int f'(x)g(x)dx$$

$$= f(x)g(x) - \int f'(x)g(x)dx$$

> $f(x)g(x)$ を微分したものの不定積分は $f(x)g(x)$ にもどります

したがって部分積分の公式が成り立つことがわかります。
なお、この公式では右辺に積分があるため、積分定数 C は省略しています。

部分積分の公式を使って練習してみましょう。

練習
次の不定積分を求めよ。

1) $\int x\cos x\, dx$

2) $\int \log x\, dx$

解答

積分する関数が積の形になっています。このようなとき部分積分の手法を使うことを検討します。

1) $\displaystyle\int x\cos x\,dx$ は $\displaystyle\int x(\sin x)'\,dx$ と考えることができます。そこで部分積分の公式を使います。

$$\int x(\sin x)'\,dx = x\sin x - \int (x)'\sin x\,dx + C$$

（部分積分の公式を使っています）

$$= x\sin x - \int 1\cdot\sin x\,dx + C$$

$$= x\sin x - (-\cos x) + C$$

（三角関数の積分公式を使っています）

$$= x\sin x + \cos x + C$$

2) $x' = 1$ であることより、$\displaystyle\int \log x\,dx$ は $\displaystyle\int \log x(x)'\,dx$ と考えることができます。そこで部分積分の公式を使います。

$$\int \log x(x)'\,dx = x\log x - \int (\log x)'x\,dx + C$$

（部分積分の公式を使っています）

$$= x\log x - \int \frac{1}{x}x\,dx + C$$

（対数関数の微分公式を使っています）

$$= x\log x - \int 1\,dx + C$$

$$= x\log x - x + C$$

$\log x$ のように一部または全部が積分しづらいときにも、部分積分の公式を使えば積分できる場合があります。

●置換積分を学ぼう

もう1つ、役立つ積分の方法をみてみましょう。次の積分を**置換積分**といいます。

> **置換積分の公式**
>
> 関数 $x = g(u)$ が微分可能ならば次の式が成り立つ。
> $$\int f(x)dx = \int f(g(u))g'(u)du$$

置換積分は積分する関数を $y = f(x)$ と $x = g(u)$ からなる合成関数として考えます。まず置換積分の公式が成り立つことを確認しておきましょう。

例題 置換積分の公式を証明せよ。

解答 $F(x)$ を $f(x)$ の原始関数の1つとします。すなわち次の式が成り立っているとします。

$$\int f(x)dx = F(x) + C$$

> 不定積分を原始関数であらわしています

$x = g(u)$ という関係があるとすると、次のようにあらわせます。

$$\int f(x)dx = F(g(u)) + C$$

したがって上式の両辺を u で微分した式も成り立つことになります。そこで両辺を u で微分しましょう。右辺は合成関数の微分法を使って微分します。

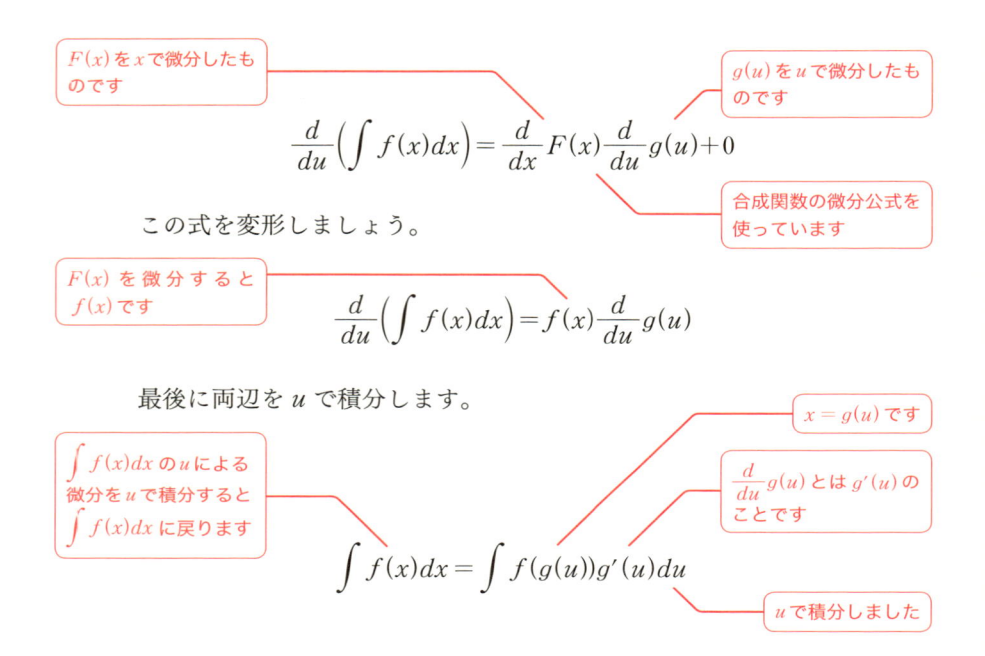

$$\frac{d}{du}\left(\int f(x)dx\right) = \frac{d}{dx}F(x)\frac{d}{du}g(u)+0$$

- $F(x)$ を x で微分したものです
- $g(u)$ を u で微分したものです
- 合成関数の微分公式を使っています

この式を変形しましょう。

$$\frac{d}{du}\left(\int f(x)dx\right) = f(x)\frac{d}{du}g(u)$$

- $F(x)$ を微分すると $f(x)$ です

最後に両辺を u で積分します。

$$\int f(x)dx = \int f(g(u))g'(u)du$$

- $\int f(x)dx$ の u による微分を u で積分すると $\int f(x)dx$ に戻ります
- $x = g(u)$ です
- $\dfrac{d}{du}g(u)$ とは $g'(u)$ のことです
- u で積分しました

したがって、公式が成り立つことがわかります。

置換積分の練習をしてみましょう。

> **練習**
> 次の不定積分を求めよ。
>
> 1) $\int (3x+1)^4 dx$
>
> 2) $\int \cos 3x\, dx$
>
> 3) $\int \sin(2x+3)dx$

解答

置換積分の公式を使って考えます。何を置換するべきかを考えましょう。

1) $u = 3x+1$ と置きます。すると次の積分を求めればよいことになります。

$$\int u^4 dx$$

（$u = 3x+1$ と置けば、$f(g(u)) = u^4$ と考えられます）

そこで置換積分の公式を使います。このために $u = 3x+1$ を u で微分しましょう。まず $u = 3x+1$ を変形すると $x = \frac{1}{3}u - \frac{1}{3}$ となります。u で微分すると、$x' = \frac{1}{3}$ となることがわかります。

公式を使ったら、最後に u を元の式に戻します。

（置換積分の公式を使います）

$$\int u^4 dx = \int u^4 \cdot \frac{1}{3} du = \frac{1}{3} \int u^4 du = \frac{1}{3} \cdot \frac{1}{5} u^5 + C$$
$$= \frac{1}{15}(3x+1)^5 + C$$

（$f(g(u)) = u^4$ です）（$g'(u)$ です）（u を元の式に戻します）

2) $u = 3x$ と置きます。すると次の積分を求めればよいことになります。

$$\int \cos u \, dx$$

そこで置換積分の公式を使います。$u = 3x$ を変形すると $x = \frac{1}{3}u$ となります。x を u で微分すると、$x' = \frac{1}{3}$ となります。公式を使ったら、最後に u を元の式に戻します。

$$\int \cos u \cdot \frac{1}{3} du = \frac{1}{3} \int \cos u \, du = \frac{1}{3} \sin u + C$$
$$= \frac{1}{3} \sin 3x + C$$

（置換積分の公式を使います）

（u を元の式に戻します）

3) $u = 2x+3$ と置きます。すると次の積分を求めればよいことになります。

$$\int \sin u \, dx$$

そこで置換積分の公式を使います。$u = 2x+3$ を変形すると $x = \frac{1}{2}u - \frac{3}{2}$ となります。x を u で微分すると、$x' = \frac{1}{2}$ となります。公式を使ったら、最後に u を元に戻します。

$$\int \sin u \cdot \frac{1}{2} du = \frac{1}{2} \int \sin u \, du = -\frac{1}{2} \cos u + C$$
$$= -\frac{1}{2} \cos(2x+3) + C$$

（u を元の式に戻します）

理解度確認！(5.3)

次の関数の不定積分を求めよ。

1) $\displaystyle\int x \sin x \, dx$

2) $\displaystyle\int x e^x \, dx$

3) $\displaystyle\int (2x+6)^5 \, dx$

（解答は p.232）

5.4 定積分を学ぼう

●定積分を考えよう

　積分と微分の関係についてみてきました。今度は次の図形の面積について考えてみることにしましょう。

　これは関数 $f(x)$ と x 軸に囲まれた範囲の図形です。ただし $a \leq x \leq b$ の範囲について考えるものとします。

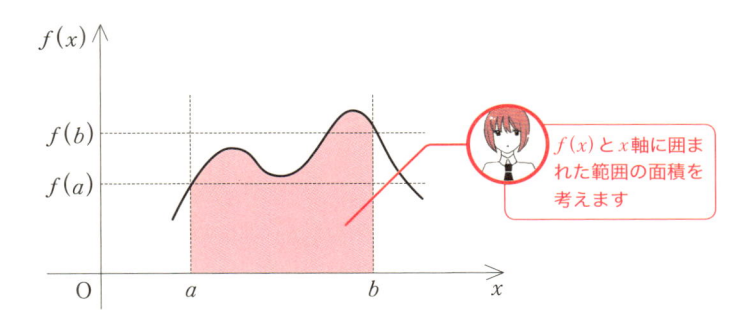

$f(x)$ と x 軸に囲まれた範囲の面積を考えます

　この図形の面積を考えるために、図形を次ページのように矩形に分割して考えることにしましょう。すると、この矩形1つの面積は次のようになると考えられます。

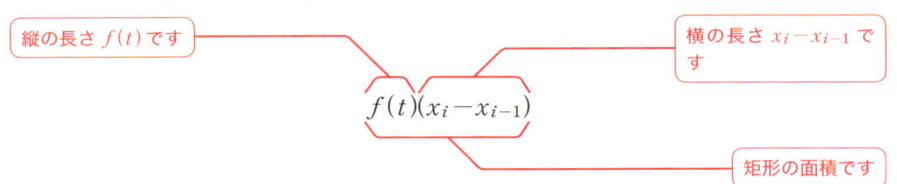

$$f(t)(x_i - x_{i-1})$$

縦の長さ $f(t)$ です

横の長さ $x_i - x_{i-1}$ です

矩形の面積です

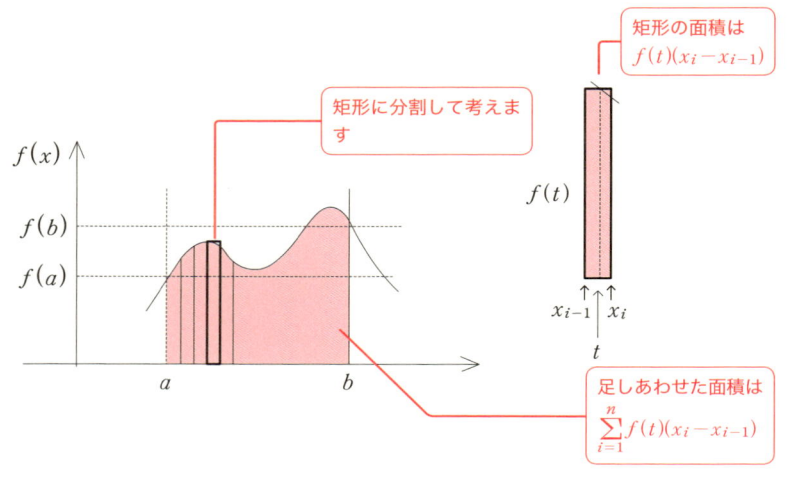

> 矩形に分割して考えます

> 矩形の面積は
> $f(t)(x_i - x_{i-1})$

> 足しあわせた面積は
> $\sum_{i=1}^{n} f(t)(x_i - x_{i-1})$

したがってすべての矩形の面積を足しあわせたものは、図形の面積に近似できると考えられます。この値を**リーマン和**といいます。

$$\sum_{i=1}^{n} f(t)(x_i - x_{i-1})$$

> 足し合わせたものです

さて、ここで矩形の分割を細かくしていくことを考えましょう。区間 $[i-1, i]$ を小さくして 0 に近づけたときに、上記の値が一定の値に近づくならば、これを図形の面積と考えることができます。そこでこの面積をあらわす値を次のように表記します。

$$\int_a^b f(x)dx$$

積分記号を使ってあらわすのです。これを**定積分**と呼んでいます。

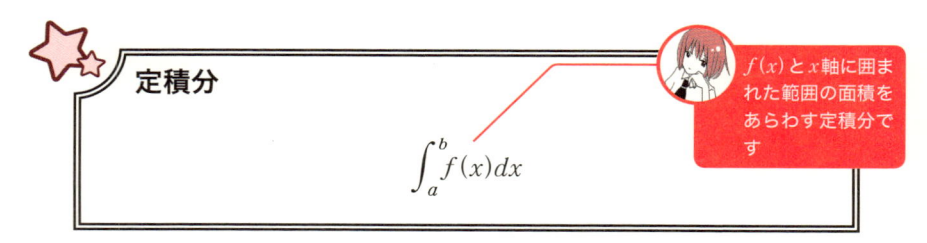

定積分

$$\int_a^b f(x)dx$$

> $f(x)$ と x 軸に囲まれた範囲の面積をあらわす定積分です

なお、面積が負になることはありませんが、定積分では $f(x)$ の下側と x 軸で囲まれる部分を正の値（＋）、$f(x)$ の上側と x 軸で囲まれる部分を負の値（－）として考えることにします。

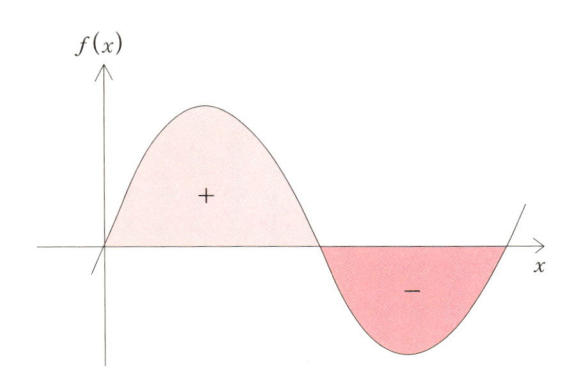

また定積分を考える上で、積分範囲について次のように定義します。

$$\int_b^a f(x)dx = -\int_a^b f(x)dx$$

定積分の定義から次の公式を使うことができます。

定積分の公式

$$\int_a^a f(x)dx = 0$$

$$\int_a^b f(x)dx + \int_b^c f(x)dx = \int_a^c f(x)dx$$

定数
$$\int_a^b kf(x)dx = k\int_a^b f(x)dx$$

和
$$\int_a^b \{f(x) \pm g(x)\}dx = \int_a^b f(x)dx \pm \int_a^b g(x)dx$$

Column／積分中のdx

定積分と不定積分と同じ積分記号（$\int$：インテグラル）を使ってあらわしていますが、ここではまずこのようにあらわすことにしたということでとらえてみてください。積分記号を使った意味は次に学ぶことにします。

ただし、不定積分でも使われていたdxの表記に着目してみてください。積分中のこのdxは、微小なxの量をあらわしています。面積をあらわす定積分においては、微小な$x_i - x_{i-1}$をあらわしています。dxの意味がよりわかりやすくなっているでしょう。

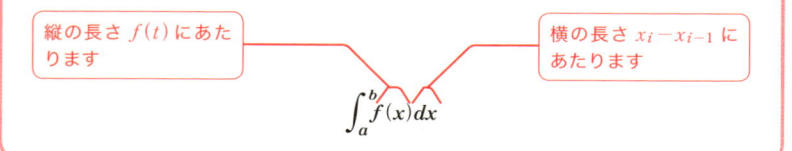

縦の長さ $f(t)$ にあたります

横の長さ $x_i - x_{i-1}$ にあたります

$$\int_a^b f(x)dx$$

●定積分と原始関数の関係を考えよう

さて，リーマン和の極限値を求めることで面積を求めることができることがわかりました。しかしこの極限値を求めることは難しくなっています。そこで、一般的にこの定積分を求める方法について考えていきましょう。

まず次の図形をみてください。これは$x = a$から任意のxまでの範囲の図形をあらわしたものです。

この図形の面積は x が決まれば 1 つに決まる値ですから、x と面積の関係は関数となっています。そこでこの面積を $S(x)$ であらわすことにします。この図形の面積は定積分の定義から $\int_a^x f(t)dt$ となります。

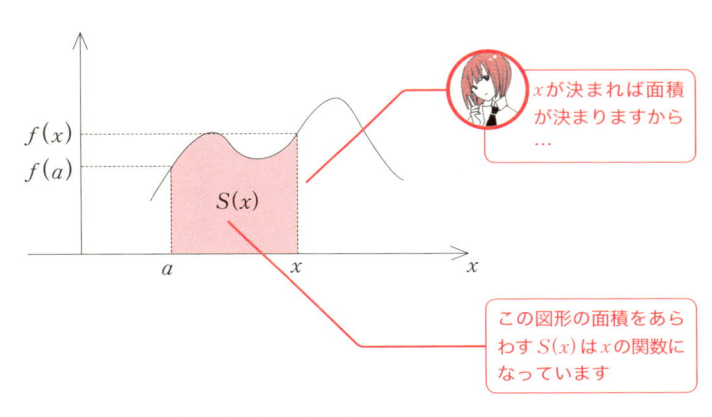

> x が決まれば面積が決まりますから…

> この図形の面積をあらわす $S(x)$ は x の関数になっています

このとき、$S(x)$ について次の定理が成り立ちます。

微分積分学の基本定理①

次の関数 $S(x)$ は、関数 $f(x)$ の原始関数の 1 つである。

$$S(x) = \int_a^x f(t)dt$$

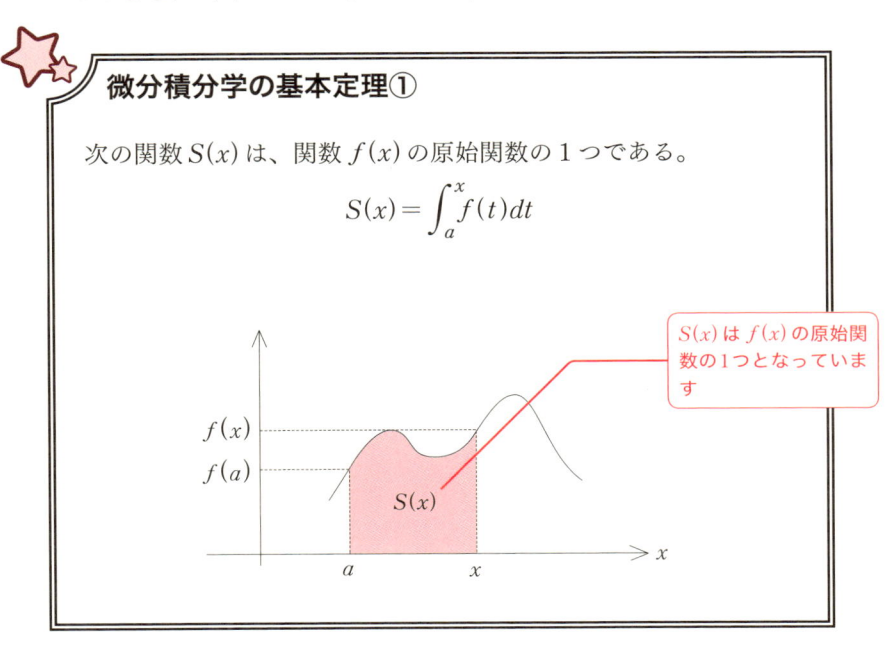

> $S(x)$ は $f(x)$ の原始関数の 1 つとなっています

$f(x)$ と x 軸で囲まれる部分の面積である $S(x)$ は、$f(x)$ の原始関数の1つとなっているというのです。これは微分積分学の基本定理と呼ばれています。

まずこのことを確認しておきましょう。

例題 微分積分学の基本定理①を証明せよ。

解答 最初に、次の微小な h の幅をもつ図形の面積を考えましょう。この図形の面積は次のようになっています。

$$S(x+h) - S(x)$$

> 面積の増分です

これは次の矩形の面積に近似できると考えることができます。

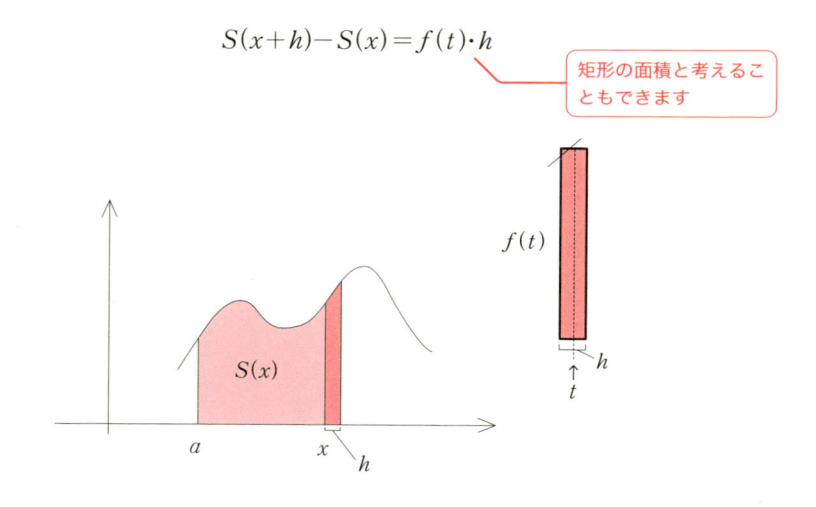

$$S(x+h) - S(x) = f(t) \cdot h$$

> 矩形の面積と考えることもできます

上式を変形すると次のようになります。

$$\frac{S(x+h) - S(x)}{h} = f(t)$$

> 両辺を h で除算しました

154

ここで h を限りなく 0 に近づけたときの極限を考えます。なお t は x に近づきます。

$$\lim_{h \to 0} \frac{S(x+h) - S(x)}{h} = f(x)$$

この左辺は関数 $S(x)$ の導関数となっています。
つまり $S(x)$ を x で微分すると $f(x)$ となっているわけですから、$S(x)$ は $f(x)$ の原始関数の 1 つであることが示せました。

●定積分と原始関数の関係をあらわしてみよう

では次の定積分であらわされる面積を考えましょう。これは関数 $y = f(x)$ と x 軸で囲まれた部分のうち、区間 $[a, b]$ の範囲の図形の面積をあらわしています。

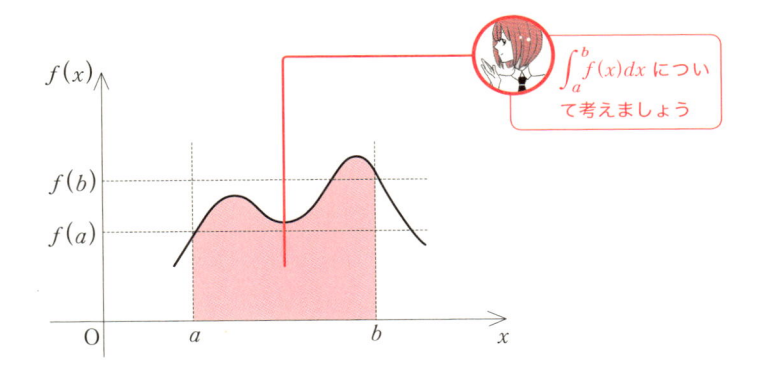

$\int_a^b f(x)dx$ について考えましょう

この図形の面積を求めるためには、先ほど紹介したリーマン和を求めるかわりに、次のように計算できるということが知られています。

微分積分学の基本定理②

$$\int_a^b f(x)dx = F(b) - F(a)$$

（ただし $F(x)$ は $f(x)$ の原始関数）

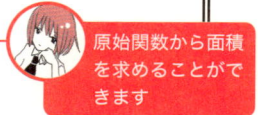

> 原始関数から面積を求めることができます

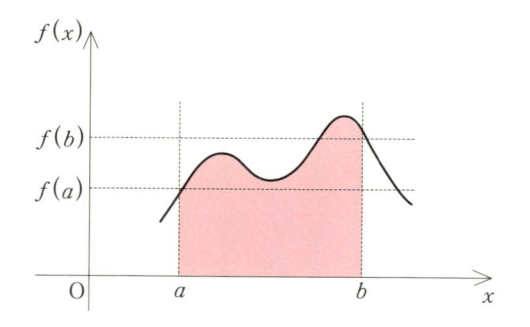

　これは $f(x)$ について、原始関数 $F(x)$ がみつかるなら、リーマン和を求めなくても

その原始関数から面積（定積分）を求めることができる

ことを意味しています。これも微分積分の基本定理の1つとなっています。
　このことはさきほどの基本定理を使って証明することができます。確認しておきましょう。

5.4 定積分を学ぼう

例題 微積分の基本定理②を証明せよ。

解答 基本定理①より面積 $S(x)$ は $f(x)$ の原始関数の 1 つであることが示されています。つまり $f(x)$ の原始関数である $F(x)$ と面積 $S(x)$ は、次の関係があります。

$$F(x) = S(x) + C$$

> 2つの原始関数同士の関係です

よって $F(b) - F(a)$ は次のようにあらわせることになります。

$$F(b) - F(a) = (S(b) + C) - (S(a) + C) = S(b) - S(a)$$

ところで $S(x) = \int_a^x f(t)dt$ でしたから、これを定積分であらわすことにします。

$$S(b) - S(a) = \int_a^b f(t)dt - \int_a^a f(t)dt = \int_a^b f(t)dt - 0 = \int_a^b f(t)dt$$

よって定理が示せたことになります。

$$\int_a^b f(x)dx = F(b) - F(a)$$

なお、微分積分学の定理は次の記号を使って書かれることがあります。原始関数を求めて a から b までの範囲の定積分を計算していく際によく使われます。

微分積分学の基本定理②の記法

$$\int_a^b f(x)dx = [F(x)]_a^b = F(b) - F(a)$$

[ ] 記号を使います

　それでは定積分を計算してみましょう。原始関数をみつけることによって定積分の値を計算することができることになります。

　原始関数をみつける方法はすでに不定積分として勉強しました。そこで、もう一度確認しながら定積分の値を計算していきましょう。

練習
次の定積分を計算せよ。

1) $\int_0^1 (x^2 + 3x - 1)dx$

2) $\int_{-1}^0 (2x^2 - 5x - 3)dx$

3) $\int_0^{\frac{\pi}{2}} \sin x \, dx$

4) $\int_0^1 e^x dx$

解答

1) $\displaystyle\int_0^1 (x^2+3x-1)dx = \left[\dfrac{1}{3}x^3 + 3\cdot\dfrac{1}{2}x^2 - x\right]_0^1$ ← 原始関数を求めました

$= \left(\dfrac{1}{3}\cdot 1^3 + 3\cdot\dfrac{1}{2}\cdot 1^2 - 1\right) - \left(\dfrac{1}{3}\cdot 0^3 + 3\cdot\dfrac{1}{2}\cdot 0^2 - 0\right)$ ← 原始関数に1を代入しました / 原始関数に0を代入しました

$= \dfrac{1}{3} + \dfrac{3}{2} - 1 = \dfrac{5}{6}$

2) $\displaystyle\int_{-1}^0 (2x^2-5x-3)dx = \left[2\cdot\dfrac{1}{3}x^3 - 5\cdot\dfrac{1}{2}x^2 - 3x\right]_{-1}^0$ ← 原始関数を求めました

$= \left[\dfrac{2}{3}x^3 - \dfrac{5}{2}x^2 - 3x\right]_{-1}^0$

$= \left(\dfrac{2}{3}\cdot 0^3 - \dfrac{5}{2}\cdot 0^2 - 3\cdot 0\right) - \left(\dfrac{2}{3}(-1)^3 - \dfrac{5}{2}(-1)^2 - 3(-1)\right)$ ← 原始関数に0を代入しました / 原始関数に−1を代入しました

$= \dfrac{2}{3} + \dfrac{5}{2} - 3 = \dfrac{1}{6}$

3) $\displaystyle\int_0^{\frac{\pi}{2}} \sin x\, dx = [-\cos x]_0^{\frac{\pi}{2}} = -\cos\dfrac{\pi}{2} - (-\cos 0) = 0 + 1 = 1$

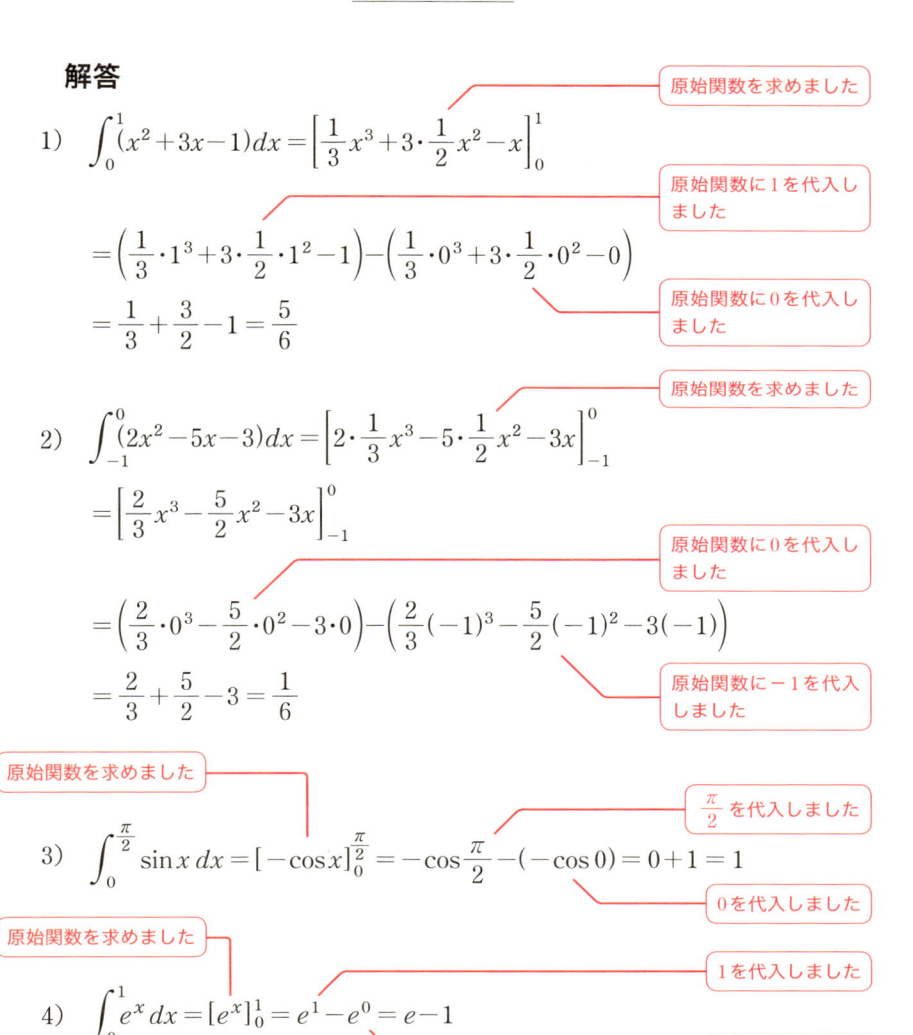

← 原始関数を求めました / $\dfrac{\pi}{2}$ を代入しました / 0を代入しました

4) $\displaystyle\int_0^1 e^x\, dx = [e^x]_0^1 = e^1 - e^0 = e - 1$

← 原始関数を求めました / 1を代入しました / 0を代入しました

理解度確認！(5.4)

次の定積分を求めよ。

1) $\displaystyle\int_0^{\frac{\pi}{2}} (\cos x + \sin x)\,dx$

2) $\displaystyle\int_1^2 \left(\frac{1}{x} + 1\right) dx$

3) $\displaystyle\int_{-1}^0 (e^x + x)\,dx$

（解答は p.233）

5.5 部分積分と置換積分

●定積分の部分積分の公式

定積分の計算を練習していきましょう。まず、部分積分に関する定積分の公式を紹介しましょう。

部分積分の公式（定積分）

$$\int_a^b f'(x)g(x)dx = [f(x)g(x)]_a^b - \int_a^b f(x)g'(x)dx$$

例題 定積分の部分積分の公式を証明せよ。

解答 積の微分法より次の式が成り立ちます。

（積の微分公式です）

$$\{f(x)g(x)\}' = f'(x)g(x) + f(x)g'(x)$$

両辺の a から b までの定積分を考えると次の式が成り立ちます。

$$（左辺の定積分）= \int_a^b (f(x)g(x))'dx = [f(x)g(x)]_a^b$$

$$（右辺の定積分）= \int_a^b \{f'(x)g(x) + f(x)g'(x)\}dx$$

よって次の式が成り立ちます。

$$\int_a^b \{f'(x)g(x)+f(x)g'(x)\}dx = [f(x)g(x)]_a^b$$

この式から公式が成り立つことがわかります。

$$\int_a^b f'(x)g(x)dx = [f(x)g(x)]_a^b - \int_a^b f(x)g'(x)dx$$

●定積分の置換積分の公式

次に置換積分に関する定積分の公式をみてください。ただし定積分の置換積分では積分範囲に注意する必要があります。次のように$a \sim b$を$\alpha \sim \beta$に変更する必要があるのです。

置換積分の公式（定積分）

$x = g(u)$ が微分可能で $a = g(\alpha), b = g(\beta)$ であるとき、

$$\int_a^b f(x)dx = \int_\alpha^\beta f(g(u))g'(u)du$$

積分範囲に注意する必要があります

まず置換積分の公式について確認しておきましょう。

例題 定積分の置換積分の公式を証明せよ。

解答 $f(x)$ の原始関数の1つを $F(x)$ とします。$x = g(u)$ であることから、$F(x) = F(g(u))$ とすることができます。この関数を u で微分します。合成関数の微分公式により、次のようになります。

5.5 部分積分と置換積分

> 合成関数の微分公式を使います

> $F'(g(u))$ は $f(g(u))$ です

$$\frac{d}{du}F(g(u)) = F'(g(u))g'(u) = f(g(u))g'(u)$$

この式を u で積分すると次の式が成り立ちます。したがって $f(g(u))g'(u)$ の原始関数の1つは $F(g(u))$ となっていることがわかります。

> 原始関数の1つです

$$\int f(g(u))g'(u)du = F(g(u)) + C$$

ここで公式の両辺について考えます。左辺については微分積分学の定理より変形できます。右辺については上の $f(g(u))g'(u)$ の原始関数の1つが $F(g(u))$ であることを利用します。

> 微分積分学の定理より成り立ちます

$$(左辺) = \int_a^b f(x)dx = F(a) - F(b)$$

$$(右辺) = \int_\alpha^\beta f(g(u))g'(u)du = [F(g(u))]_\alpha^\beta = F(g(\alpha)) - F(g(\beta))$$
$$= F(a) - F(b)$$

> 原始関数の1つです

右辺と左辺は等しく、公式が成り立ちます。

それでは定積分の部分積分・置換積分の練習をしましょう。

練習
次の定積分を求めよ。

1) $\displaystyle\int_{-1}^{0} xe^x\,dx$

2) $\displaystyle\int_{1}^{e} x\log x\,dx$

3) $\displaystyle\int_{0}^{\frac{\pi}{2}} \sin 2x\,dx$

解答

1) xe^x は $x(e^x)'$ と考えることができます。そこで部分積分の公式を使います。

$$\int_{-1}^{0} x(e^x)' dx = [xe^x]_{-1}^{0} - \int_{-1}^{0} (x)' e^x dx$$

$$= [xe^x]_{-1}^{0} - \int_{-1}^{0} e^x dx = [xe^x]_{-1}^{0} - [e^x]_{-1}^{0}$$

$$= (0 \cdot e^0) - (-1 \cdot e^{-1}) - \{(e^0) - (e^{-1})\} = 2e^{-1} - 1$$

2) $x \log x$ は $\left(\frac{1}{2}x^2\right)' \log x$ と考えることができます。そこで部分積分の公式を使います。

$$\int_{1}^{e} \left(\frac{1}{2}x^2\right)' \log x \, dx = \left[\frac{1}{2}x^2 \log x\right]_{1}^{e} - \int_{1}^{e} \frac{1}{2}x^2 (\log x)' dx$$

$$= \left[\frac{1}{2}x^2 \log x\right]_{1}^{e} - \int_{1}^{e} \frac{1}{2}x^2 \cdot \frac{1}{x} dx$$

$$= \left[\frac{1}{2}x^2 \log x\right]_{1}^{e} - \int_{1}^{e} \frac{1}{2}x \, dx$$

$$= \frac{1}{2}e^2 \log e - \left(\frac{1}{2} \cdot 1^2 \log 1\right) - \frac{1}{2}\left[\frac{1}{2}x^2\right]_{1}^{e}$$

$$= \frac{1}{2}e^2 \cdot 1 - \left(\frac{1}{2} \cdot 0\right) - \frac{1}{2}\left(\frac{1}{2}e^2 - \frac{1}{2} \cdot 1^2\right)$$

$$= \frac{1}{2}e^2 - \frac{1}{4}e^2 + \frac{1}{4} = \frac{1}{4}e^2 + \frac{1}{4} = \frac{1}{4}(e^2 + 1)$$

3) $u = 2x$ と置きます。すると次の積分を求めることになります。

$$\int_{0}^{\frac{\pi}{2}} \sin u \, dx$$

そこで置換積分の公式を使います。$u = 2x$ を変形すると $x = \dfrac{1}{2}u$ となります。x を u で微分すると、$x' = \dfrac{1}{2}$ となります。

なお積分範囲に注意する必要があります。$u = 2x$ に代入してみると、積分範囲は次のようになります。

x	0	$\dfrac{\pi}{2}$
u	0	π

u で積分する場合にはこのように変換されます

積分範囲を変更しました

$$\int_0^\pi \sin u \cdot \frac{1}{2} du = \frac{1}{2}[(-\cos u)]_0^\pi$$

$$= \frac{1}{2}\{(-\cos \pi) - (-\cos 0)\}$$

$$= \frac{1}{2}\{(-1 \cdot -1) - (-1)\} = 1$$

理解度確認！(5.5)

次の定積分を求めよ。

1) $\displaystyle\int_{\frac{\pi}{2}}^{\pi} x \sin x\, dx$

2) $\displaystyle\int_0^{\frac{\pi}{2}} \cos 2x\, dx$

3) $\displaystyle\int_0^1 (3x+2)^2\, dx$

（解答は p.234）

5.6 広義積分を学ぼう

●広義積分とは?

これまでは $[a, b]$ という区間について、関数の定積分を考えてきました。今度は関数が連続でない場合や、区間が無限である場合など、特殊な状況での定積分についても考えることにしましょう。

たとえば次のような関数 $f(x)$ について考えてみてください。この関数 $f(x)$ は b の点で連続していません。しかし、c を b より小さい値をとりながら b に限りなく近づけた場合には、極限値が存在しています。このような場合については定積分を考えてもよいでしょう。

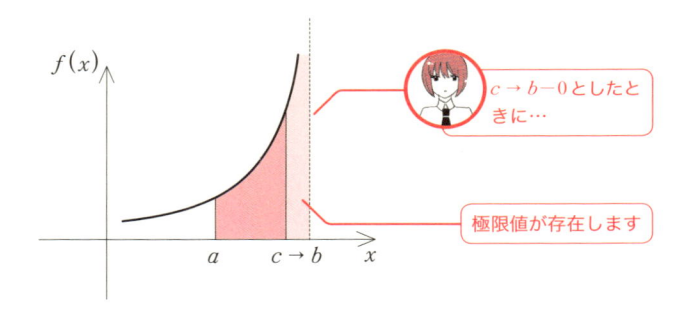

$c \to b-0$ としたときに…
極限値が存在します

そこで次の定積分を定義します。

広義積分

極限値 $\lim_{c \to b-0} \int_a^c f(x)dx$ が存在するなら、次の定積分を定義する。

$$\int_a^b f(x)dx = \lim_{c \to b-0} \int_a^c f(x)dx$$

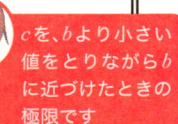

c を、b より小さい値をとりながら b に近づけたときの極限です

また、極限値 $\displaystyle\lim_{c \to a+0} \int_c^b f(x)dx$ が存在するなら、次の定積分を定義する。

$$\int_a^b f(x)dx = \lim_{c \to a+0} \int_c^b f(x)dx$$

> c を、a より大きい値をとりながら a に近づけたときの極限です

このようにして定義した定積分を**広義積分**といいます。広義積分は以下の図のような場合についても定積分を定義したものです。

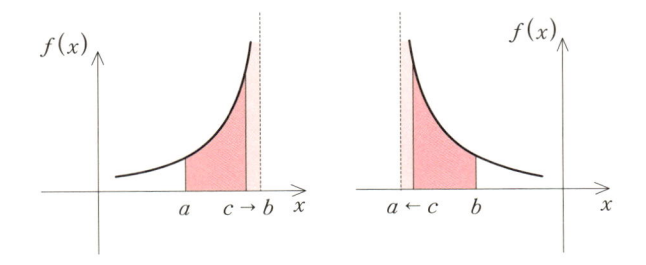

▲ $c \to b-0$（左）、$c \to a+0$（右）

●無限積分とは？

また、区間が無限の場合にも、次のような区間 $[a, +\infty)$ を考えると、極限値が存在する場合があります。このような場合にも定積分を考えることができます。そこで次のように定積分を定義します。

$b \to \infty$ としたときに…

極限値が存在します

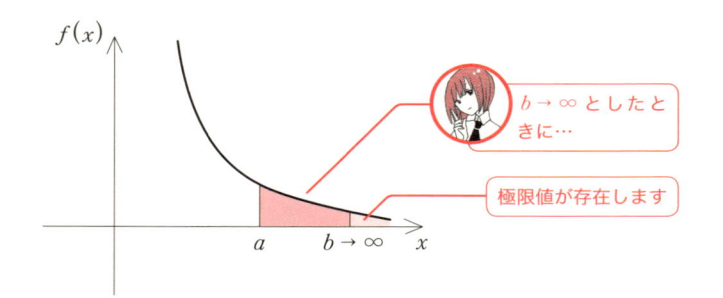

無限積分

極限値 $\lim_{b \to \infty} \int_a^b f(x)$ が存在するなら、次の定積分を定義する。

$$\int_a^\infty f(x)dx = \lim_{b \to \infty} \int_a^b f(x)dx$$

また極限値 $\lim_{a \to -\infty} \int_a^b f(x)dx$ が存在するなら、次の定積分を定義する。

$$\int_{-\infty}^b f(x)dx = \lim_{a \to -\infty} \int_a^b f(x)dx$$

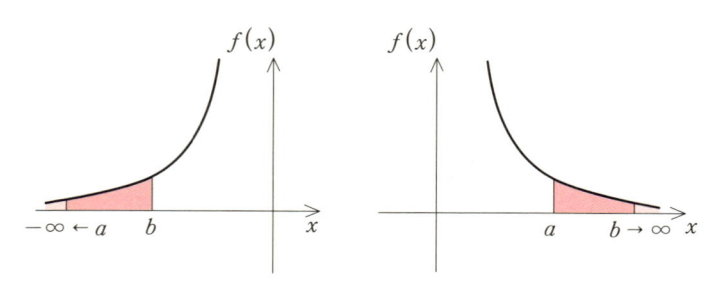

▲ $a \to -\infty$（左）、$b \to \infty$（右）

5.6 広義積分を学ぼう

これを**無限積分**といいます。無限積分を定義することによって前図のような場合についても積分を考えることができるようになります。

広義積分・無限積分の定義によって、定積分の考えを広げることができます。次のような積分の計算ができるようになるでしょう。練習してみることにしましょう。

> **練習**
> 次の定積分を求めよ。
> 1) $\displaystyle\int_0^1 \frac{1}{\sqrt{x}} dx$
> 2) $\displaystyle\int_1^\infty \frac{1}{x^2} dx$

解答

1) $\dfrac{1}{\sqrt{x}}$ は $x=0$ で定義されていません。しかし広義積分によって $\displaystyle\int_0^1 \frac{1}{\sqrt{x}} dx$ を考えることができます。

$$\int_0^1 \frac{1}{\sqrt{x}} dx = \lim_{c \to 0+0} \int_c^1 \frac{1}{\sqrt{x}} dx = \lim_{c \to 0+0} \int_c^1 x^{-\frac{1}{2}} dx$$

（広義積分の定義です）

$$= \lim_{c \to 0+0} \left[\frac{1}{\frac{1}{2}} x^{\frac{1}{2}} \right]_c^1 = \lim_{c \to 0+0} \left[2\sqrt{x} \right]_c^1$$

$$= \lim_{c \to 0+0} (2\sqrt{1} - 2\sqrt{c}) = 2$$

2) x の区間が $[1, \infty)$ となっています。しかし無限積分によって $\int_1^\infty \frac{1}{x^2} dx$ を考えることができます。

> 無限積分の定義です

$$\int_1^\infty \frac{1}{x^2} dx = \lim_{b \to \infty} \int_1^b \frac{1}{x^2} dx = \lim_{b \to \infty} \int_1^b x^{-2} dx$$

$$= \lim_{b \to \infty} \left[-\frac{1}{1} \cdot x^{-1} \right]_1^b = \lim_{b \to \infty} ((-b^{-1})-(-1)) = \lim_{b \to \infty} \left(-\frac{1}{b} + 1 \right) = 1$$

> $b \to +\infty$ としたときに…

> $1/b$ は 0 に近づきます

Column / 広義積分・無限積分の計算

広義積分・無限積分は $\lim$ 記号を書かずに、次のように計算してもかまいません。

$$\int_0^1 \frac{1}{\sqrt{x}} dx = [2\sqrt{x}]_0^1 = 2$$

なお極限値が存在しない場合には、広義積分・無限積分も計算できません。

理解度確認！(5.6)

次の定積分を求めよ。

$$\int_1^\infty \frac{1}{x^3} dx$$

（解答は p.235）

5.7 面積を考えよう

●面積を求めてみよう

さて、定積分によって図形の面積を求めることができるのがわかりました。この節では図形の面積についてもう少し考えていくことにしましょう。

すでに（p.150）で説明したように、定積分の定義から、$f(x)$ と $x=a$ と $x=b$ と x 軸に囲まれた部分の面積は次のようになります。もう一度復習してみてください。

> **面積の公式**
>
> $f(x)$ と x 軸に囲まれた部分の面積は次の定積分であらわされる。
>
> $$\int_a^b f(x)dx$$
>
> （ただし $a \leqq x \leqq b$, $f(x) \geqq 0$ （x 軸が下側））

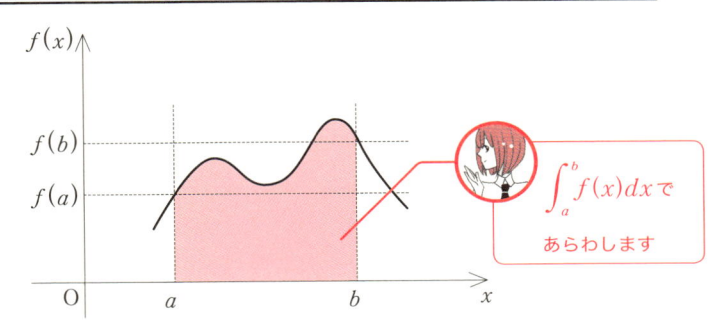

$\int_a^b f(x)dx$ であらわします

p.151でもみたように、x 軸が上側にある場合（$(f(x)) < 0$ の場合）は負の値として求められます。

この図形の面積の求め方を応用すると、次の図形の面積もわかります。

面積の公式

$f(x)$ と $g(x)$ に囲まれた部分の面積は次の定積分となる。

$$\int_a^b \{f(x)-g(x)\}dx$$

（ただし $a \leqq x \leqq b$, $f(x) \geqq g(x)$ （$g(x)$ が下側））

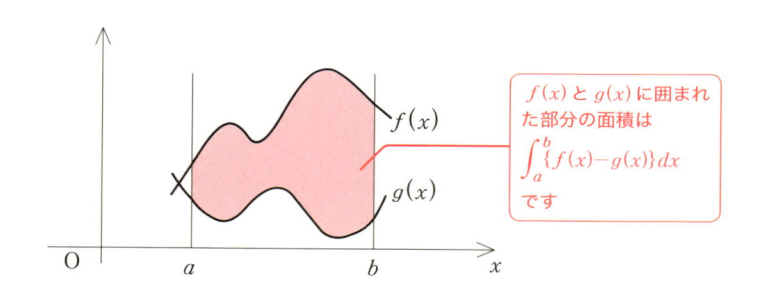

$f(x)$ と $g(x)$ に囲まれた部分の面積は
$\int_a^b \{f(x)-g(x)\}dx$
です

この公式から次の図形の面積を実際に求めてみましょう。

例題 次の曲線・直線に囲まれた図形の面積を求めよ。
1) $y = x^2 - 6x + 8$ と x 軸
2) $y = x^3 - 3x + 3$ と $y = x + 3$ （$x \geqq 0$）

解答 1) まず曲線と x 軸との交点を求めておきましょう。

$$y = x^2 - 6x + 8 = (x-2)(x-4)$$

因数分解した上式より、曲線は $x = 2, 4$ のとき x 軸と交わることがわかります。
そこでこの範囲について定積分を行います。

> 2から4まで定積分を行います

$$\int_2^4 (x^2 - 6x + 8) dx = \left[\frac{1}{3}x^3 - 6 \cdot \frac{1}{2}x^2 + 8x \right]_2^4$$

$$= \left(\frac{1}{3} \cdot 4^3 - 6 \cdot \frac{1}{2} \cdot 4^2 + 8 \cdot 4 \right) - \left(\frac{1}{3} \cdot 2^3 - 6 \cdot \frac{1}{2} \cdot 2^2 + 8 \cdot 2 \right)$$

$$= \left(\frac{64}{3} - 48 + 32 \right) - \left(\frac{8}{3} - 12 + 16 \right) = \frac{56}{3} - 20 = -\frac{4}{3}$$

x 軸が上側にあるので、p.151 で見たように、定積分は負の値として求められます。図形の面積としては $\frac{4}{3}$ となります。

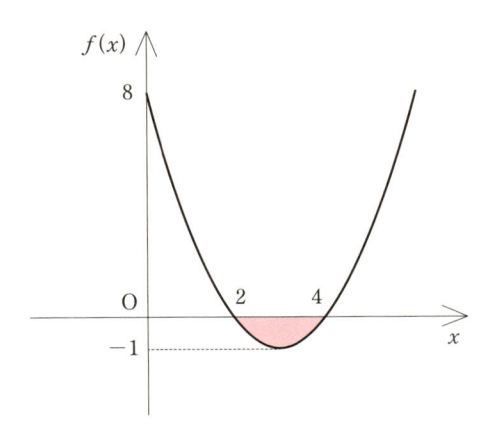

2) まず曲線と直線との交点を求めておきましょう。

$$y = (x^3 - 3x + 3) - (x + 3) = x^3 - 4x = x(x^2 - 4)$$

したがって曲線と直線は $x = 0$、2 で交わることがわかります。

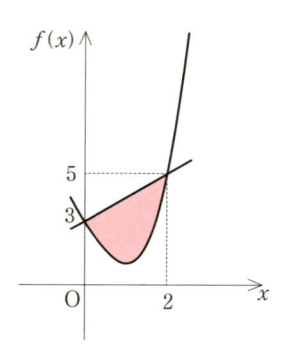

そこで 0 から 2 まで定積分を行います。

> 0から2まで定積分を行います

$$\int_0^2 \{(x+3) - (x^3 - 3x + 3)\} dx = \int_0^2 (-x^3 + 4x) dx$$
$$= \left[-\frac{1}{4}x^4 + 4 \cdot \frac{1}{2}x^2 \right]_0^2$$
$$= \left(-\frac{1}{4} \cdot 2^4 + 4 \cdot \frac{1}{2} \cdot 2^2 \right) - \left(-\frac{1}{4} \cdot 0^4 + 4 \cdot \frac{1}{2} \cdot 0^2 \right)$$
$$= -4 + 8 = 4$$

練習
次の曲線・直線に囲まれた面積を求めよ。
1) $y = \sin x$ と x 軸 $(0 \leqq x \leqq \pi)$
2) $y = \sin x$ と $y = \sin 2x$ $\left(0 \leqq x \leqq \dfrac{\pi}{2}\right)$

解答
最初に関数のグラフを描いてみましょう。交点を確認した上で定積分を行います。

1) 曲線と x 軸は $x = 0$、π のとき交わります。

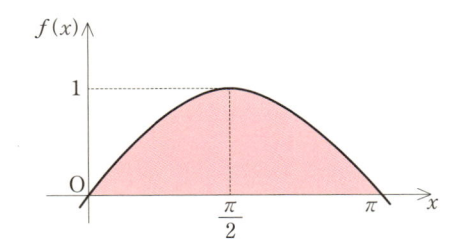

そこでこの範囲について定積分を行います。

$$\int_0^\pi \sin x \, dx = [-\cos x]_0^\pi = (-\cos \pi) - (-\cos 0) = (-(-1)) - (-(1)) = 2$$

2)
$$\sin x = \sin 2x$$
$$= 2\sin x \cos x$$
$$2\sin x \cos x - \sin x = 0$$
$$\sin x(2\cos x - 1) = 0$$

曲線は $\sin x = 0$ または $2\cos x - 1 = 0$ のとき交わります。

つまり $x = 0$ または $x = \dfrac{\pi}{3}$ のとき交わります。

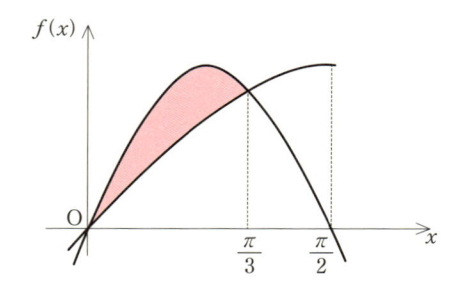

そこでこの範囲について定積分を行います。

$$\int_0^{\frac{\pi}{3}} (\sin 2x - \sin x) dx = \left[-\frac{1}{2}\cos 2x\right]_0^{\frac{\pi}{3}} - \left[-\cos x\right]_0^{\frac{\pi}{3}}$$
$$= -\frac{1}{2}\cos 2 \cdot \frac{\pi}{3} + \frac{1}{2}\cos 2 \cdot 0 + \cos\frac{\pi}{3} - \cos 0$$
$$= \left(-\frac{1}{2}\right) \cdot \left(-\frac{1}{2}\right) + \frac{1}{2} \cdot 1 + \frac{1}{2} - 1 = \frac{1}{4}$$

理解度確認！(5.7)

次の曲線・直線に囲まれた面積を求めよ。
1) $y = \cos x + \sin x$ と x 軸 $(-\pi \leqq x \leqq \pi)$
2) $y = \cos x$ と $y = \sin x$ $(-\pi \leqq x \leqq \pi)$

(解答は p.235)

5.8 体積を考えよう

●体積を求めてみよう

　図形の面積について考えてきました。さて平面図形の面積と同様に、空間中の立体の体積についても定積分の考えかたによって求めることができます。ここでは幅が a から b である簡単な形状の立体の体積について考えておくことにしましょう。

　まず、立体の体積を求めるため、立体を次のように分割して考えることにしましょう。この立体の断面積は $S(x)$ であらわされるものとします。するとこの分割された立体1つの体積は、次のようになると考えられます。

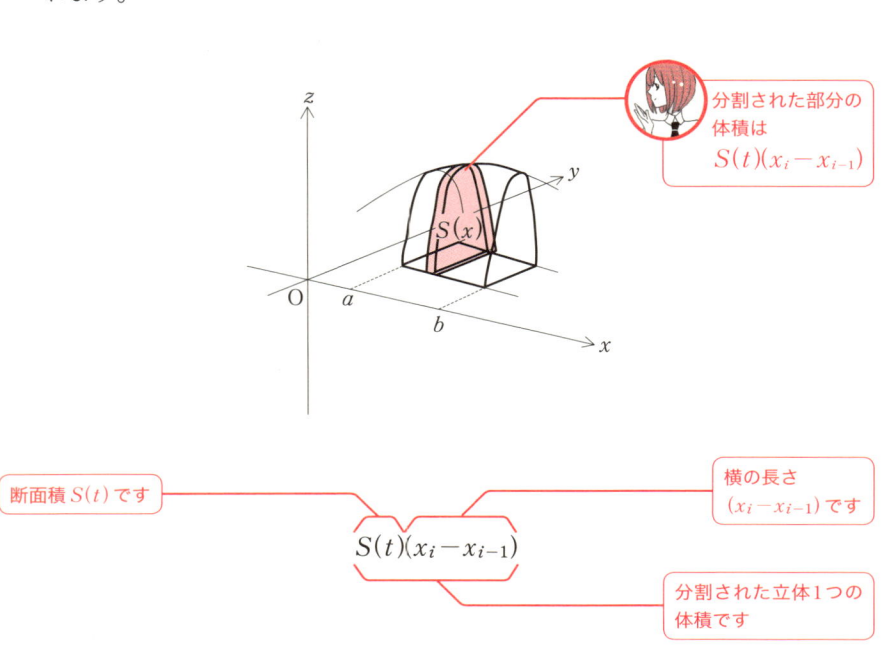

分割された部分の体積は
$S(t)(x_i - x_{i-1})$

断面積 $S(t)$ です

横の長さ $(x_i - x_{i-1})$ です

$S(t)(x_i - x_{i-1})$

分割された立体1つの体積です

立体全体の体積は、これら分割された立体の体積をすべて足し合わせたものと考えられます。したがってこの立体全体の図形の体積は次のようになります。

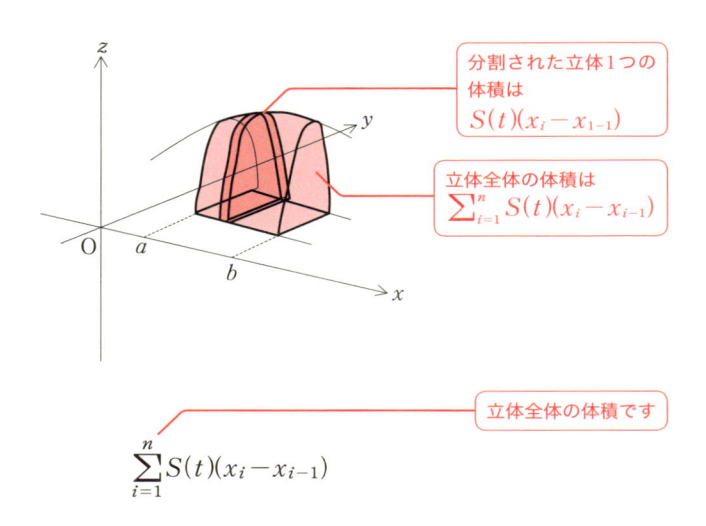

分割された立体1つの体積は
$S(t)(x_i - x_{i-1})$

立体全体の体積は
$\sum_{i=1}^{n} S(t)(x_i - x_{i-1})$

立体全体の体積です

$$\sum_{i=1}^{n} S(t)(x_i - x_{i-1})$$

　ここで立体の分割を細かくしていき、区間$[i,\ i-1]$の長さを0に近づけることを考えてみましょう。分割を細かくしたとき、このリーマン和が一定に近づくなら、これを立体の体積と考えることができます。そこで立体の体積は次の定積分であらわされます。

立体全体の体積です

$$\int_a^b S(x)dx$$

体積の公式

yz平面に平行に切った場合の断面積が$S(x)$である立体の体積は
$$\int_a^b S(x)dx$$

178

立体全体の体積は
$$\int_a^b S(x)dx$$

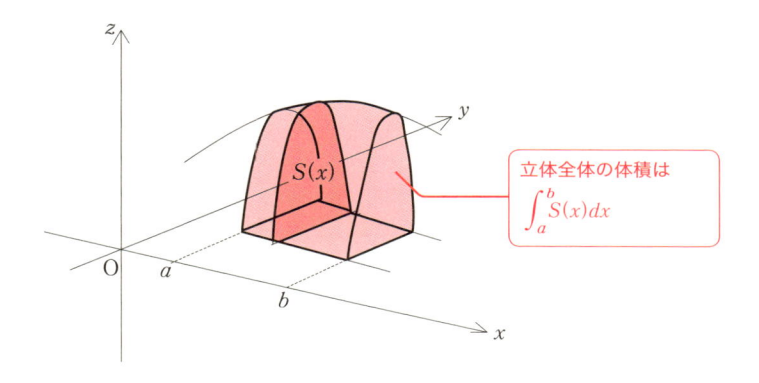

このように断面積の定積分を考えることで体積が求められる立体として、円錐や円柱があります。実際に求めてみましょう。

例題
1) 底面の半径が r、高さ h の円柱の体積を求めよ。
2) 底面の半径が r、高さ h の円錐の体積を求めよ。

解答
1) まず円柱について求めてみます。
次ページの図のように円柱を配置すると、yz 平面に平行に切った断面は円になりますから、断面積 $S(x)$ を x の関数として考えることができます。この値は次のようになります。

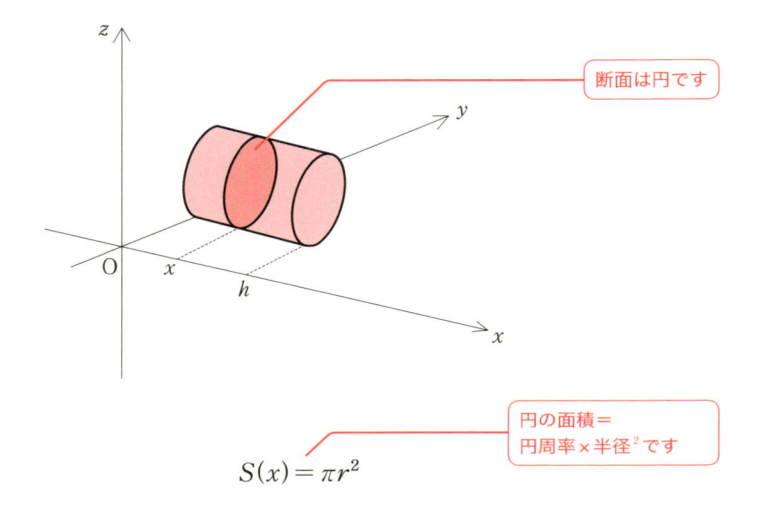

$$S(x) = \pi r^2$$

これを 0 から h まで積分します。すると円柱の体積を求めることができます。

$$\int_0^h \pi r^2 \, dx = [\pi r^2 x]_0^h = \pi r^2 h - \pi r^2 \cdot 0$$
$$= \pi r^2 h$$

2) 次の図のように円錐を配置すると、断面の円の半径は rx/h です。したがって断面積 $S(x)$ を x の関数と考えることができます。この値は次のようになります。

$$S(x) = \pi \left(\frac{r}{h} x\right)^2 = \pi \frac{r^2}{h^2} x^2$$

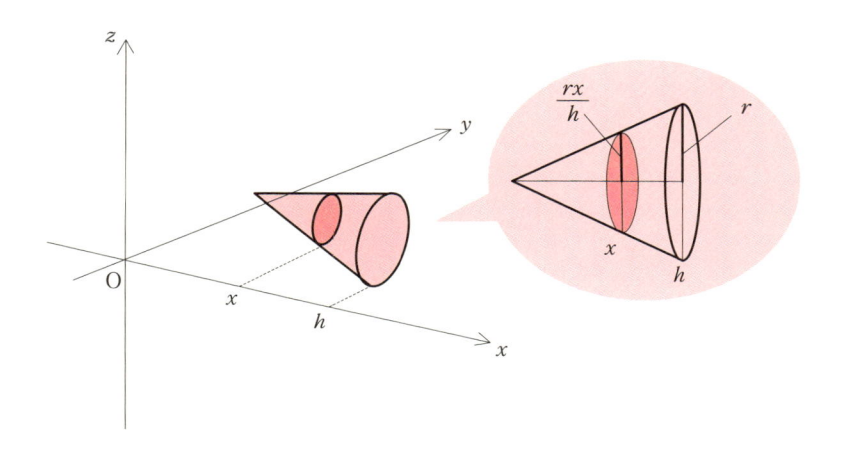

円錐の高さは h です。そこでこの関数を 0 から h まで積分します。すると円錐の体積を求めることができます。

> 0 から h まで積分します

$$\int_0^h \pi \frac{r^2}{h^2} x^2 \, dx = \left[\frac{1}{3} \pi \frac{r^2}{h^2} x^3 \right]_0^h = \frac{1}{3} \pi \frac{r^2}{h^2} h^3 - \frac{1}{3} \pi \frac{r^2}{h^2} \cdot 0^3$$

$$= \frac{1}{3} \pi r^2 h$$

●回転体の体積を求めよう

　もう1つ、別の立体について考えてみましょう。今度は関数 $y = f(x)$ であらわされる曲線と、直線 $x = a$、$x = b$ で囲まれた部分を、x 軸のまわりに回転させて得られる回転体を考えます。この回転体の体積を求めてみましょう。

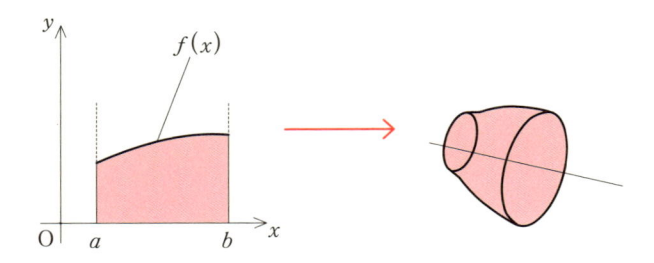

今度は回転体を、次のように円柱に分割して考えることにしましょう。すると、この円柱の底面は半径 $f(x)$ の円となりますから、円柱の底面の面積は円周率 × 半径^2 = $\pi\{f(x)\}^2$ です。したがってこの円柱1つの体積は高さ $(x_i - x_{i-1})$ をかけて次のようになると考えられます。

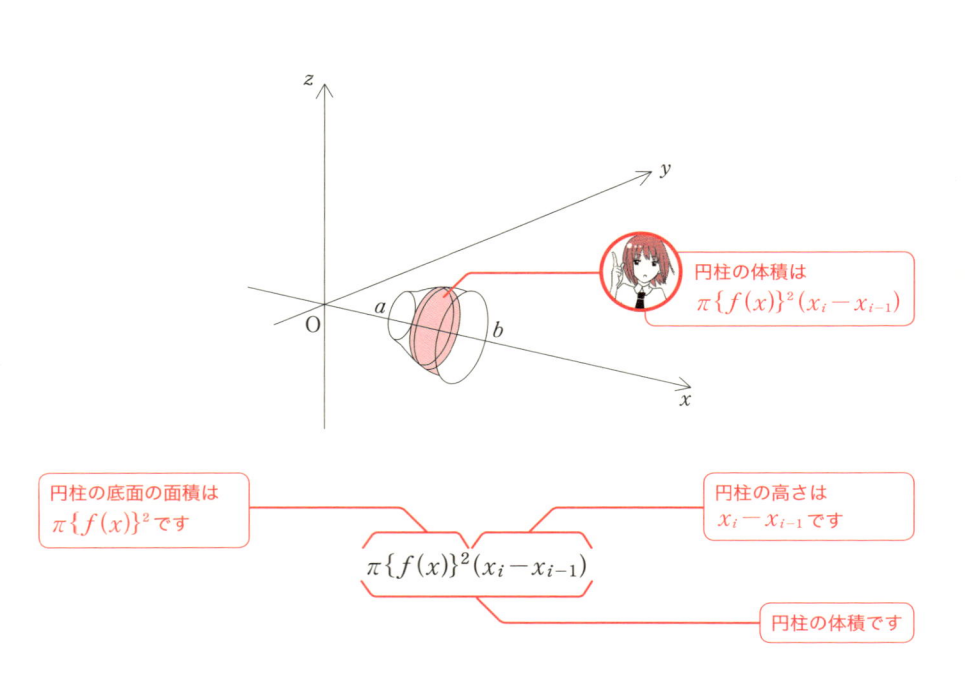

$$\pi\{f(x)\}^2(x_i - x_{i-1})$$

円柱の底面の面積は $\pi\{f(x)\}^2$ です

円柱の高さは $x_i - x_{i-1}$ です

円柱の体積です

円柱の体積は $\pi\{f(x)\}^2(x_i - x_{i-1})$

したがってすべての円柱の体積を足しあわせたものは、次のようになります。

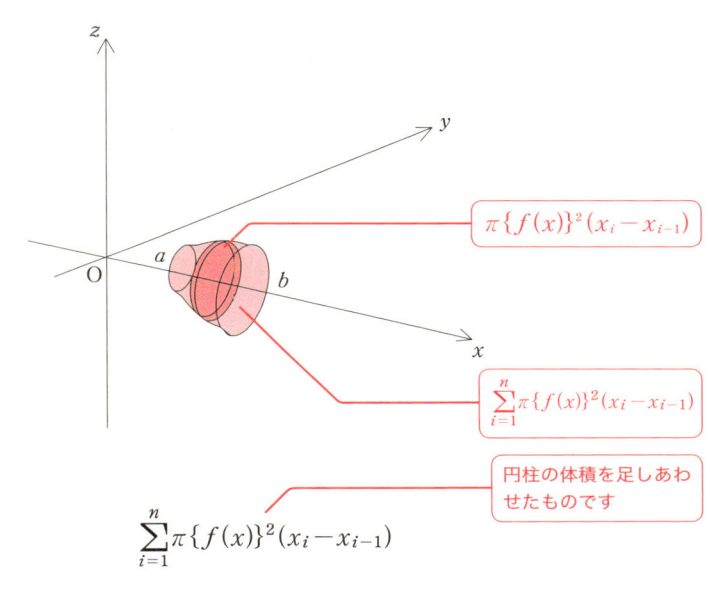

$\pi\{f(x)\}^2(x_i - x_{i-1})$

$\sum_{i=1}^{n} \pi\{f(x)\}^2(x_i - x_{i-1})$

円柱の体積を足しあわせたものです

$$\sum_{i=1}^{n} \pi\{f(x)\}^2(x_i - x_{i-1})$$

ここで円柱の分割を細かくしていき、区間 $[i,\ i-1]$ の長さを 0 に近づけることを考えます。このとき上記の値が一定に近づくなら、これを回転体の体積と考えることができます。

回転体の体積です

$$\int_a^b \pi\{f(x)\}^2 dx$$

したがって次のように回転体の体積を求めることができます。

回転体の体積の公式

関数 $y = f(x)$ であらわされる曲線と直線 $x = a$、$x = b$ で囲まれた部分を x 軸のまわりに回転させて得られる回転体の体積は

$$\pi \int_a^b \{f(x)\}^2 dx$$

それではこの公式から回転体の体積を求めてみましょう。

> **練習**
> 次の曲線・直線で囲まれた部分を x 軸の周りに回転させてできる回転体の体積を求めよ。
> 1) $y = 2x$、$x = 1$、x 軸
> 2) $y = \sqrt{x}$、$x = 1$、x 軸

解答

1) 回転させる図形を描くと次のようになります。回転体の体積は次のように求めることができます。

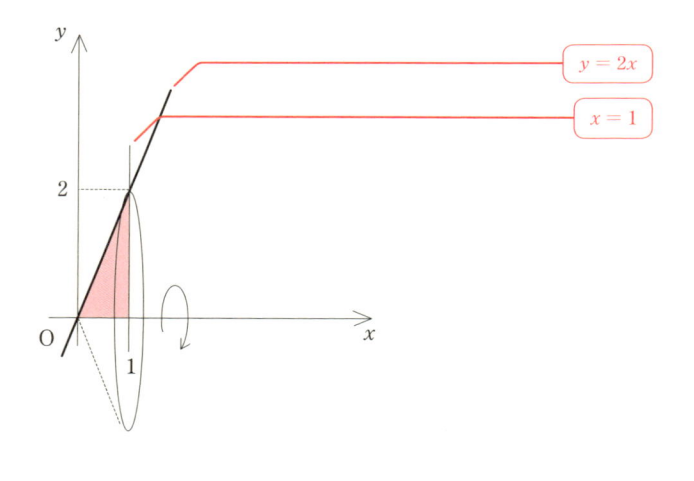

$$\pi \int_0^1 (2x)^2 dx$$

回転体の体積です

回転体の体積を求めてみましょう。

$$\pi \int_0^1 (2x)^2 \, dx = \pi \int_0^1 4x^2 \, dx = \pi \left[\frac{4}{3} x^3 \right]_0^1 = \pi \left(\left(\frac{4}{3} \cdot 1 \right) - \left(\frac{4}{3} \cdot 0 \right) \right) = \frac{4}{3} \pi$$

2) 回転させる図形を描くと次のようになります。回転体の体積は次のように求めることができます。

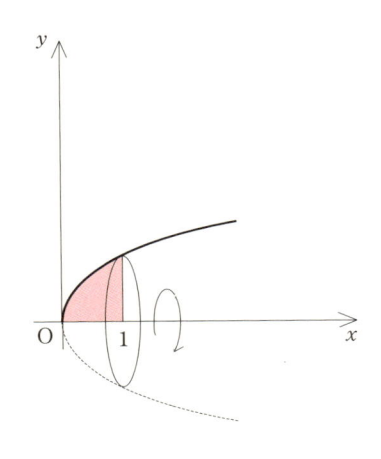

$$\pi \int_0^1 (\sqrt{x})^2 \, dx$$

回転体の体積です

回転体の体積を求めてみましょう。

$$\pi \int_0^1 (\sqrt{x})^2 \, dx = \pi \int_0^1 x \, dx = \pi \left[\frac{1}{2} x^2 \right]_0^1 = \pi \left(\frac{1}{2} \cdot 1 - \frac{1}{2} \cdot 0 \right) = \frac{1}{2} \pi$$

理解度確認！(5.8)

次の関数であらわされる曲線と x 軸に囲まれた部分を x 軸の周りに回転させてできる立体の体積を求めよ。

$$y = -x^2 + x$$

（解答は p.237）

第6章

2変数関数を微分しよう

この章では2つの変数の対応からなる
2変数関数の微分について扱います。2変数関数では
曲面と、曲面に接する接平面を考えることができます。
これまでの考え方を応用しながら考えていきましょう。

6.1 偏微分を学ぼう

●2変数関数とは？

さて、これまでの章では、あるxに対して1つのyが決まるとき、この対応を関数と呼んできました。

$$y = f(x)$$

> 1つのxに対してyが決まります

ところで、2つの変数xとyの組み合わせに対して1つのzが決まるという対応を考えることができます。この対応を次のようにあらわします。これを**2変数関数**といいます。

$$z = f(x, y)$$

> xとyに対してzが決まります

この章では2変数関数についての微分を考えていくことにしましょう。

Column / 2変数関数をグラフでみる

1変数関数はxy平面にグラフを書きあらわすことができました。2変数関数はxyz空間にグラフを書きあらわすことができます。

$y = f(x)$は直線や曲線によって平面上にあらわされましたが、$z = f(x, y)$は曲面として空間上にあらわされます（次ページ図参照）。

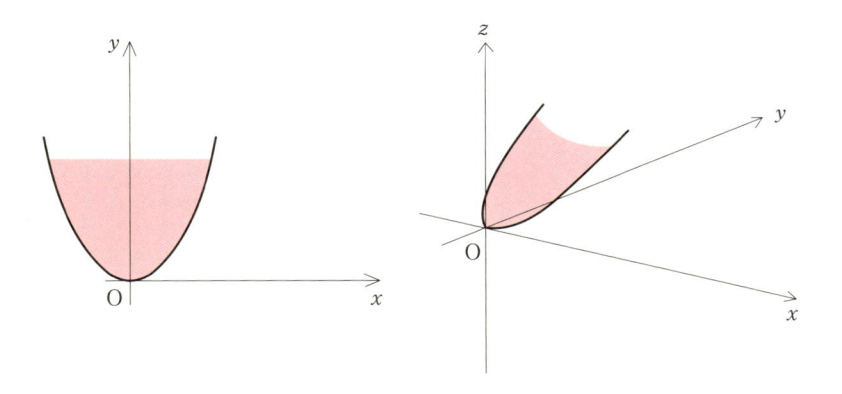

●偏微分を学ぼう

2変数関数についても微分を考えることができます。まず最初に、片方を固定された定数であるとみなし、1つの変数だけをわずかに変化させたときの微分を考えます。

たとえばxについて微分することを考えてみましょう。2変数関数$z = f(x, y)$が点(a, b)でxについて微分可能であるとは、次の極限値が存在することをいいます。

$$\lim_{h \to 0} \frac{f(a+h, b) - f(a, b)}{h}$$

> hを0に限りなく近づけたときの値をあらわします

これを点(a, b)におけるxについての**偏微分係数**と呼び、次の表記などで記述します。

$$\frac{\partial f}{\partial x}(a, b) \quad f_x(a, b)$$

> どちらも(a, b)におけるxについての偏微分係数をあらわします

同様にyについての微分も考えることができます。点(a, b)でyについて微分可能であるとは、次の極限値が存在することをいいます。

$$\lim_{k \to 0} \frac{f(a, b+k) - f(a, b)}{k}$$

> kを0に限りなく近づけたときの値をあらわします

これは点 (a, b) における y についての偏微分係数と呼び、次のように表記することがあります。

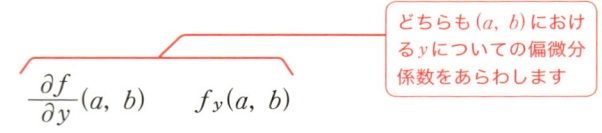

$$\frac{\partial f}{\partial y}(a, b) \qquad f_y(a, b)$$

> どちらも (a, b) における y についての偏微分係数をあらわします

●偏導関数とは？

1変数関数ではすべての x について微分可能であるときに、微分係数を対応させた導関数を考えることができました。

2変数関数では偏微分係数を対応させた関数について考えることができます。これを**偏導関数**といいます。

すべての x について偏微分可能であるとき、x の偏導関数は記号 ∂（デルタ）を使って次のようにあらわします。

$$\frac{\partial f}{\partial x}$$

> x の偏導関数です

また、すべての y について偏微分可能であるとき、偏導関数を考えます。y の偏導関数は次のように書きます。

$$\frac{\partial f}{\partial y}$$

> y の偏導関数です

偏導関数を求めることを**偏微分**するといいます。

例題 $z = 3x^2 y$ を 1)x、2)y について偏微分せよ。

解答 x と y それぞれについて偏微分してみましょう。

1) x について偏微分を行います。このとき y は定数であるとみなします。

$$\frac{\partial z}{\partial x} = 3y \cdot 2x = 6xy$$

> y は定数であるとみなしています

190

2) yについて偏微分を行います。このときxは定数であるとみなします。

$$\frac{\partial z}{\partial y} = 3x^2 \cdot 1 = 3x^2$$

＜xは定数であるとみなしています＞

練習
次の式を x と y についてそれぞれ偏微分せよ。
1) $z = x^2 y^2 + 5y - 2y^3$
2) $z = x \sin y$
3) $z = \sin x + \cos y$
4) $z = \dfrac{1}{2x+y}$

解答

それぞれの変数について偏微分を行いましょう。片方の変数は固定された定数と考えて扱います。

1) xについて偏微分を行います。

$$\frac{\partial z}{\partial x} = 2xy^2$$

＜yは定数であるとみなしています＞

yについて偏微分を行います。

$$\frac{\partial z}{\partial y} = 2x^2 y + 5 - 2 \cdot 3y^2 = 2x^2 y - 6y^2 + 5$$

＜xは定数であるとみなしています＞

2) xについて偏微分を行います。

$$\frac{\partial z}{\partial x} = \sin y$$

＜yは定数であるとみなしています＞

y について偏微分を行います。

$$\frac{\partial z}{\partial y} = x \cdot \cos y = x \cos y$$

> x は定数であるとみなしています

3) x について偏微分を行います。

$$\frac{\partial z}{\partial x} = \cos x$$

> y の項は定数項なので消えます

y について偏微分を行います。

$$\frac{\partial z}{\partial y} = -\sin y$$

> x の項は定数項なので消えます

4) x について偏微分を行います。

$$\frac{\partial z}{\partial x} = \frac{0 \cdot (2x+y) - (2)}{(2x+y)^2} = \frac{-2}{(2x+y)^2}$$

> 商の微分公式を使います

y について偏微分を行います。

$$\frac{\partial z}{\partial x} = \frac{0 \cdot (2x+y) - (1)}{(2x+y)^2} = \frac{-1}{(2x+y)^2}$$

> 商の微分公式を使います

理解度確認！(6.1)

次の関数について、x と y それぞれの偏微分を求めよ。

1) $z = x^2 + xy + 2y^2$
2) $z = 2x^2 + 4xy - 3y^2$

（解答は p.237）

6.2 全微分を学ぼう

●全微分を求めよう

偏微分では x と y の片方を定数と考え、それぞれ 1 つだけを変化させることを考えてきました。

今度は 2 つの変数 x, y を同時に変化させることを考えます。関数 $z = f(x, y)$ が点 (a, b) で偏微分可能であり、偏導関数 $\dfrac{\partial z}{\partial x}$、$\dfrac{\partial z}{\partial y}$ が点 (a, b) で連続ならば、次の値を考えることができます。これを**全微分**と呼びます。

全微分

$$dz = \frac{\partial z}{\partial x}dx + \frac{\partial z}{\partial y}dy$$

全微分は x と y を同時にわずかに変化させたときの z の変化量をあらわしています。そこで、全微分を求めてみましょう。

練習
次の全微分を求めよ。
1) $z = x^2 + y^2$
2) $z = 2x^2 y^2$

解答

1) 偏微分を求めます。

$$\frac{\partial z}{\partial x} = 2x$$

$$\frac{\partial z}{\partial y} = 2y$$

よって全微分は次のようになります。

$$dz = (2x)dx + (2y)dy$$

2) 偏微分を求めます。

$$\frac{\partial z}{\partial x} = 2 \cdot 2x \cdot y^2 = 4xy^2$$

$$\frac{\partial z}{\partial y} = 2 \cdot x^2 \cdot 2y = 4x^2 y$$

よって全微分は次のようになります。

$$dz = (4xy^2)dx + (4x^2 y)dy$$

●接平面を求めてみよう

2変数関数 $z = f(x, y)$ が点 $(a, b, f(a, b))$ で全微分可能なとき、関数 $f(x, y)$ に点 $(a, b, f(a, b))$ で接する接平面を考えることができます。接平面の方程式は次のようにあらわせます。

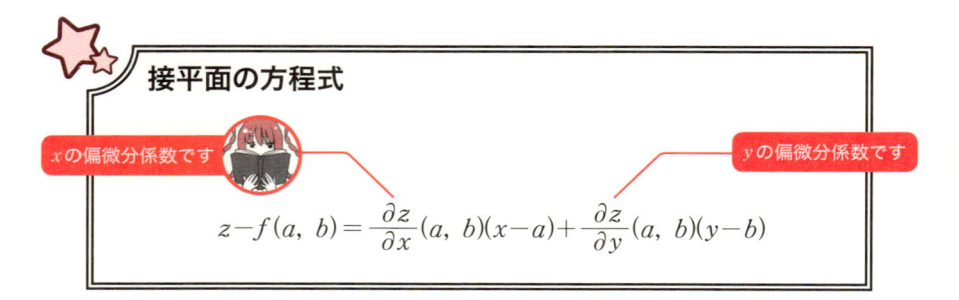

接平面の方程式

xの偏微分係数です　　　　　　　　　　　　　　　　yの偏微分係数です

$$z - f(a, b) = \frac{\partial z}{\partial x}(a, b)(x - a) + \frac{\partial z}{\partial y}(a, b)(y - b)$$

6.2 全微分を学ぼう

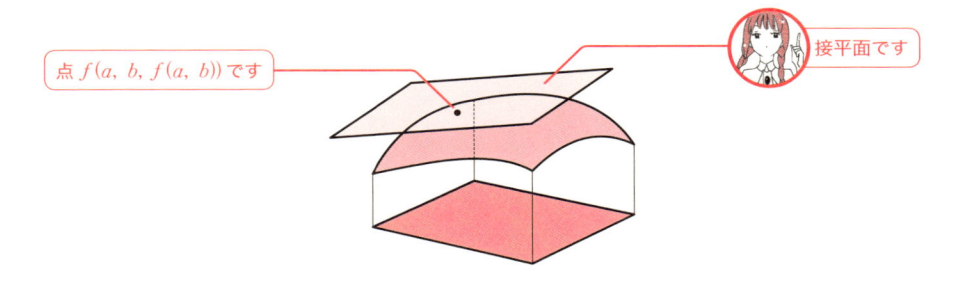

点 $f(a, b, f(a, b))$ です

接平面です

先の方程式であらわされる接平面が確かに $f(a, b, f(a, b))$ に接するかどうかを確認してみましょう。

例題 接平面の方程式が正しいことを確認せよ。

解答 接平面の方程式において $y = b$ とします。すると次のようになります。

$$z - f(a, b) = \frac{\partial z}{\partial x}(a, b)(x - a)$$

$x = a$ における接線の方程式となっています

これは 1 章でみたように、曲線 $z = f(x, b)$ の $x = a$ における接線の方程式となっています。
また同様に、接平面の方程式において $x = a$ とします。すると次のようになります。

$$z - f(a, b) = \frac{\partial z}{\partial y}(a, b)(y - b)$$

$x = b$ における接線の方程式となっています

これは曲線 $z = f(a, y)$ の $y = b$ における接線の方程式となっています。2 つの直線は $f(a, b)$ で交わります。交わる 2 直線を含む平面は 1 つに決まり、これが接平面となっています。つまり方程式は、点 $(a, b, f(a, b))$ における接平面となっています。

それではこの方程式によって実際に接平面を求めてみましょう。

練習
関数 $z = x^2 + y^2$ について、点 $(1, 1, 2)$ における接平面を求めよ。

解答
まず x と y に関する偏微分を求めます。

$$\frac{\partial z}{\partial x} = 2x$$

$$\frac{\partial z}{\partial y} = 2y$$

偏微分係数は次のようになります。

$$\frac{\partial z}{\partial x}(1, 1) = 2 \cdot 1 = 2$$

$$\frac{\partial z}{\partial y}(1, 1) = 2 \cdot 1 = 2$$

よって接平面の方程式は次のようになります。

$$z - (1^2 + 1^2) = 2(x-1) + 2(y-1)$$
$$z = 2x + 2y - 2$$

理解度確認！(6.2)

1) 関数 $z = 2x^2 - 6xy + 5y^2$ の全微分を求めよ。
2) 関数 $z = xy$ の $(2, 2, 4)$ における接平面を求めよ。

（解答は p.238）

6.3 2変数関数で極値を考えよう

◉極大または極小をとるには？

1変数関数 $y = f(x)$ のグラフを考えることができたように、2変数関数 $z = f(x, y)$ の形状を考えることができます。

点 (a, b) の近くで $f(x, y) < f(a, b)$ であるなら、$f(x, y)$ は点 (a, b) で**極大**であるといいます。このとき $f(a, b)$ は**極大値**と呼ばれます。

点 (a, b) の近くで $f(x, y) > f(a, b)$ であるなら、$f(x, y)$ は点 (a, b) で**極小**であるといいます。

このとき $f(a, b)$ は**極小値**と呼ばれます。

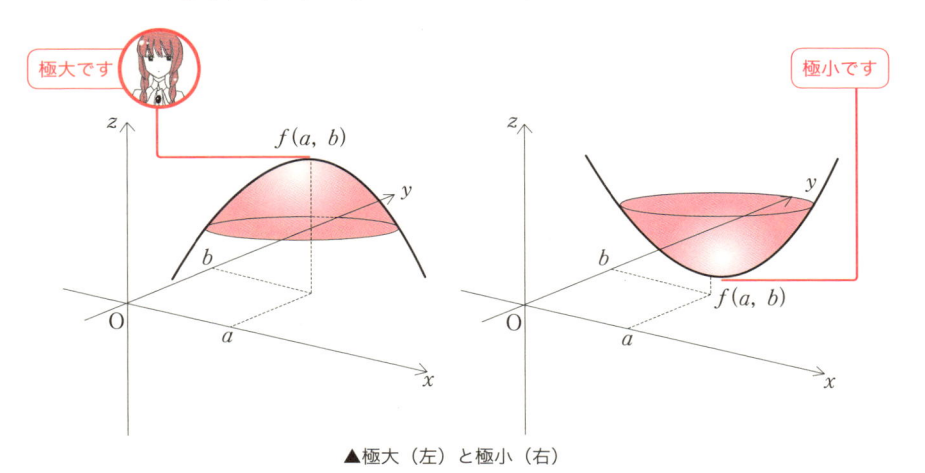

▲極大（左）と極小（右）

極大値と極小値をあわせて極値と呼びます。極値をとるとき偏微分係数は0となります。

点 $(a, b, (f(a, b)))$ での x の偏微分係数は0です

点 $(a, b, (f(a, b)))$ での y の偏微分係数は0です

$$\frac{\partial f}{\partial x}(a, b) = 0, \quad \frac{\partial f}{\partial y}(a, b) = 0$$

ただし偏微分係数が0であっても極大とも極小ともならない場合があります。これには次図のような例があります。

このような馬の鞍のような形をした部分では、一つの平面上では極大などである一方、他の平面では極小などとなります。

そこで偏微分係数が0となる点はまとめて**停留点**と呼ばれています。

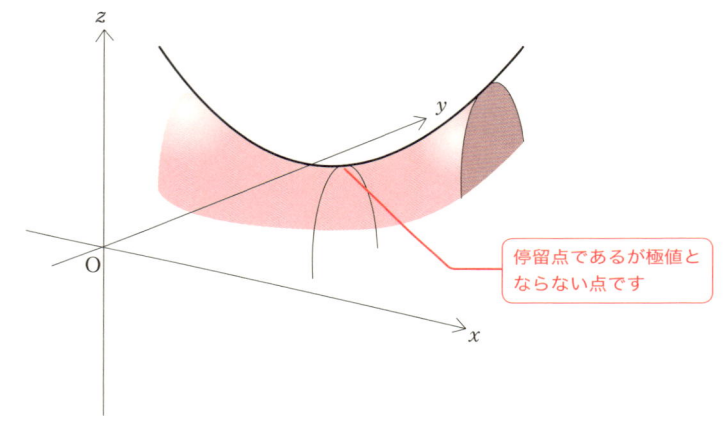

停留点であるが極値とならない点です

▲停留点の例

それでは次の関数について極値をとりうる候補の点（停留点）を求めてみましょう。

> **練習**
> 次の関数で停留点を求めよ。
> 1) $z = 2x^2 + 6xy + y^2$
> 2) $z = x^3 - 2xy + y^2$

解答

1) x, y それぞれについて偏微分を行います。
$$\frac{\partial z}{\partial x} = 2 \cdot 2x + 6y + 0 = 4x + 6y$$
$$\frac{\partial z}{\partial y} = 0 + 6x + 2y = 6x + 2y$$

次の式を満たす点を調べます。

$$4x+6y=0 \cdots ①$$
$$6x+2y=0 \cdots ②$$

②×3

$$① \quad 4x+6y=0$$
$$②×3 \quad 18x+6y=0$$

この式を解くことで、式をみたす点は $x=0$, $y=0$ となることがわかります。したがって点 $(0, 0, 0)$ が停留点となります。

2) x, y それぞれについて偏微分を行います。

$$\frac{\partial z}{\partial x}=3x^2-2y$$
$$\frac{\partial z}{\partial y}=-2x+2y=2(y-x)$$

次を満たす点を調べます。

$$3x^2-2y=0 \cdots ①$$
$$2(y-x)=0 \cdots ②$$

②より $y=x$。よって①は

$$3x^2-2x=0$$
$$x(3x-2)=0$$

$x=0$ または $\dfrac{2}{3}$ となることがわかります。$x=\dfrac{2}{3}$ のときの z の値を調べると

$$\left(\frac{2}{3}\right)^3 - 2 \cdot \frac{2}{3} \cdot \frac{2}{3} + \left(\frac{2}{3}\right)^2 = \frac{8}{27} - \frac{8}{9} + \frac{4}{9} = -\frac{4}{27}$$

したがって点 $(0, 0, 0)$ または点 $\left(\frac{2}{3}, \frac{2}{3}, -\frac{4}{27}\right)$ が停留点となります。

Column / 極値をとる条件

偏微分係数が0であることは、極値をとりうるための必要条件（停留点）となっていますが、実際に極値をとるかどうかは f を2回微分した次の判定条件を使います。

> 1回目を x で微分し、2回目を y で微分しています

> 1回目を y で微分し、2回目を y で微分しています

> 1回目を x で微分し、2回目を x で微分しています

$$D = f_{xy}(a, b)^2 - f_{xx}(a, b)f_{yy}(a, b)$$

関数は D の値によって次のようになります。

- $D < 0$ のとき $f(x, y)$ は点 $(a, b, f(a, b))$ で極値をとり、
  $f_{xx}(a, b) > 0$ のとき極小
  $f_{xx}(a, b) < 0$ のとき極大
  となる。
- $D > 0$ のとき $f(a, b)$ は極値をとらない。

なお $D = 0$ のときは極値をとるかどうか判定することはできません。

理解度確認！(6.3)

次の関数について極値をとりうる候補となる点を求めよ。

$$z = x^4 - 6xy + y^2$$

（解答は p.238）

第7章
2変数関数を積分しよう

この章では2変数関数の積分を行います。
2変数関数の積分によって、
空間上にあらわされる
立体の体積について考えることができます。

7.1 重積分を学ぼう

●重積分とは？

　この章では2変数関数の積分について学ぶことにします。2変数関数の積分とはどのようなものをあらわすのでしょうか。

　2変数関数では $z = f(x, y)$ は曲面をあらわします。そこでこの曲面と xy 平面上の領域に囲まれた部分の体積について考えることができます。

　たとえば次のような曲面 $z = f(x, y)$ と、xy 平面上の長方形の領域 D に囲まれた立体の体積について考えてみましょう。

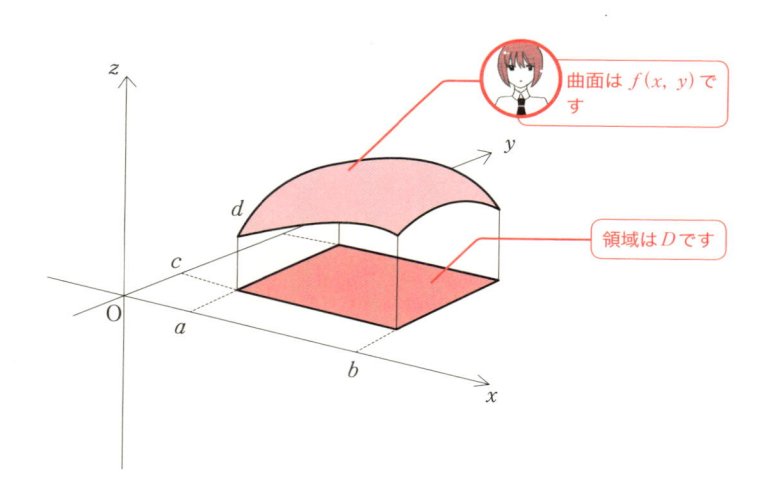

> 曲面は $f(x, y)$ です

> 領域は D です

　このとき、立体を次のように分割し、小さな直方体の集まりとして考えることにします。直方体の体積は高さ×縦×横ですから、直方体1つの体積は次のようになるでしょう。

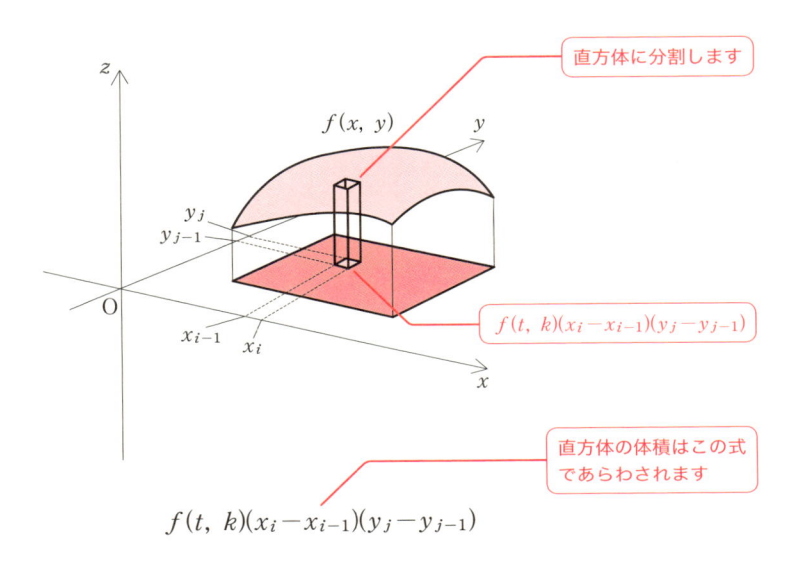

7.1 重積分を学ぼう

[直方体に分割します]

$f(t, k)(x_i - x_{i-1})(y_j - y_{j-1})$

[直方体の体積はこの式であらわされます]

$$f(t, k)(x_i - x_{i-1})(y_j - y_{j-1})$$

すると、全体の体積は次のように直方体の体積を足し合わせたものと考えられます。

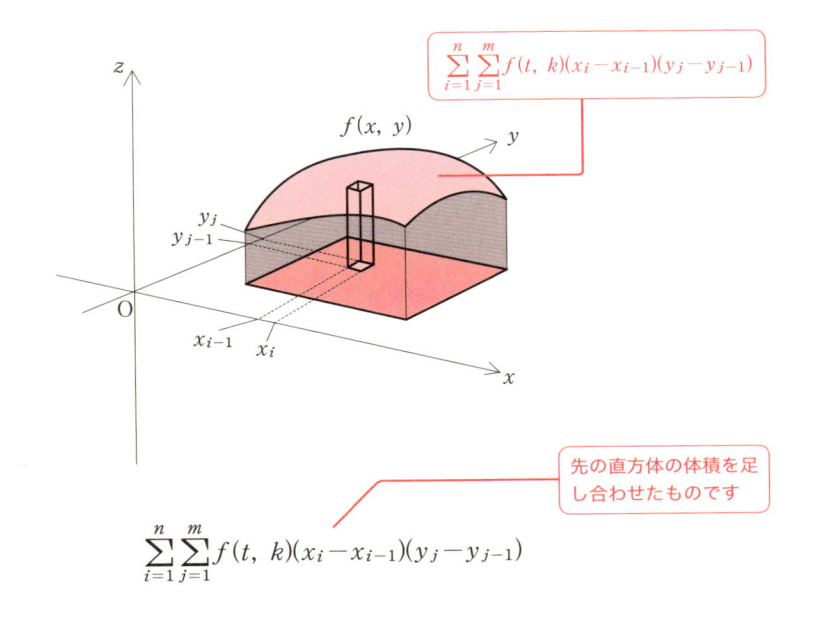

$$\sum_{i=1}^{n}\sum_{j=1}^{m} f(t, k)(x_i - x_{i-1})(y_j - y_{j-1})$$

[先の直方体の体積を足し合わせたものです]

$$\sum_{i=1}^{n}\sum_{j=1}^{m} f(t, k)(x_i - x_{i-1})(y_j - y_{j-1})$$

さてこのとき直方体の分割を細かくして、$x_i - x_{i-1}$ と $y_j - y_{j-1}$ を同時に小さくすることを考えます。このとき、上記の値が一定の値に近づくなら、この値を立体の体積と考えることができます。

これを**重積分**と呼び、次のようにあらわします。

重積分

$$\iint_D f(x) dx dy$$

7.2 累次積分を学ぼう

●累次積分とは？

それでは重積分はどのように求めればよいのでしょうか？ 重積分は次の累次積分による方法で求めることができる場合があります。

今度は立体の体積を次のように考えてみましょう。

この立体を yz 平面に平行に分割した立体の側面積を $S(x)$ とします。このとき $S(x)$ は次の定積分であらわせます。

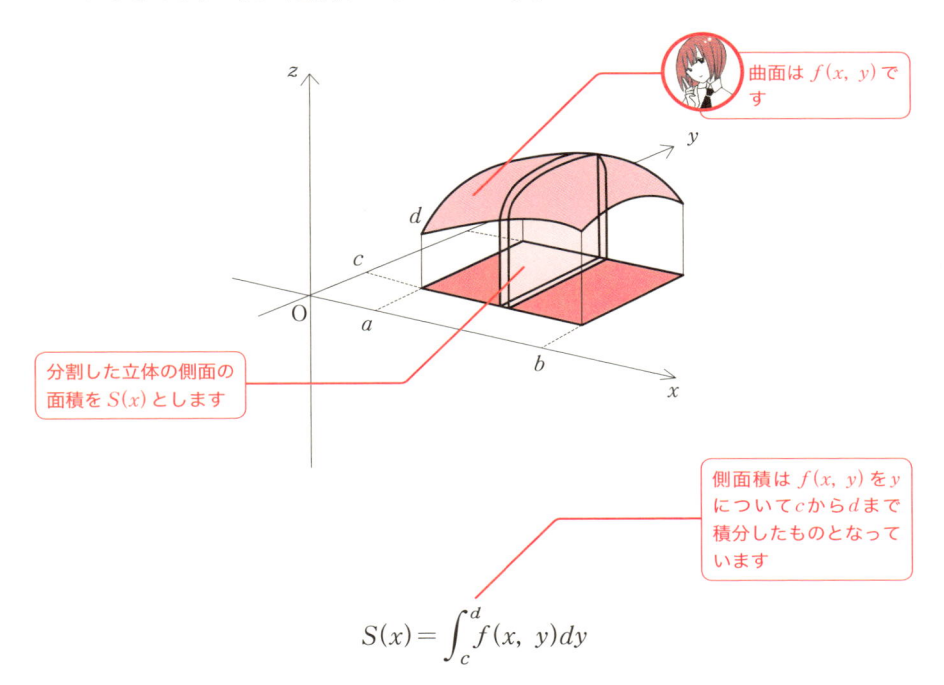

曲面は $f(x, y)$ です

分割した立体の側面の面積を $S(x)$ とします

側面積は $f(x, y)$ を y について c から d まで積分したものとなっています

$$S(x) = \int_c^d f(x, y) dy$$

体積を求めるにはさらに次の定積分を考えることになります。

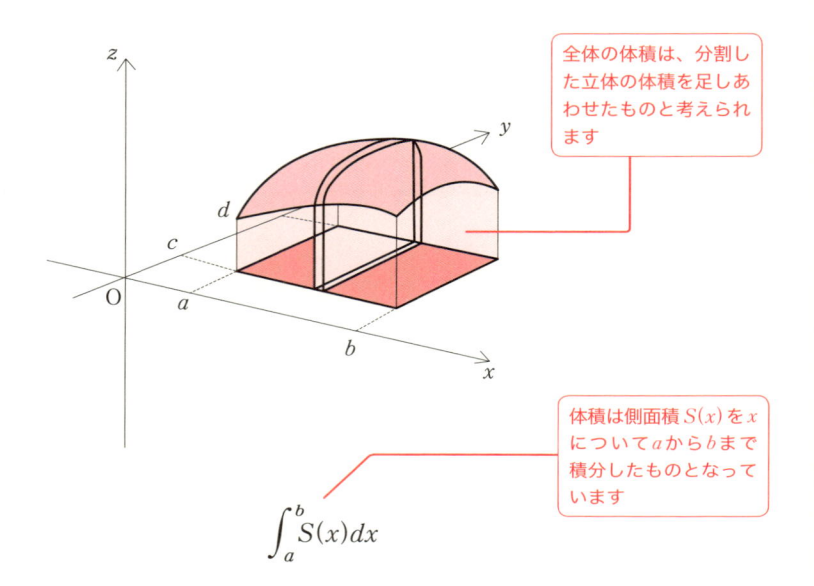

> 全体の体積は、分割した立体の体積を足しあわせたものと考えられます

> 体積は側面積 $S(x)$ を x について a から b まで積分したものとなっています

$$\int_a^b S(x)dx$$

　したがって体積を求めるためには、次のように まず y について積分を行った上で、x について積分を行うことになります。これを**累次積分**と呼びます。

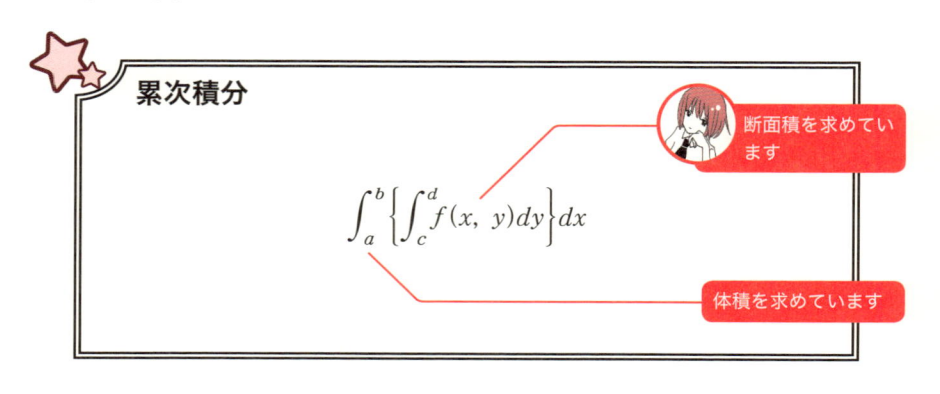

累次積分

$$\int_a^b \left\{ \int_c^d f(x, y)dy \right\} dx$$

> 断面積を求めています

> 体積を求めています

　それでは累次積分を計算してみましょう。どちらの変数について積分するのかを意識してみてください。

7.2 累次積分を学ぼう

> **練習**
> 次の累次積分を求めよ。
> 1) $\int_0^1 \left\{ \int_1^2 (x+y)\,dy \right\} dx$
> 2) $\int_0^1 \left\{ \int_1^2 xy\,dy \right\} dx$

解答

1) まず x を定数と考えて y について先に積分します。そのあとに x について積分を行います。

y について先に積分します

$$\int_0^1 \left\{ \int_1^2 (x+y)\,dy \right\} dx = \int_0^1 \left[xy + \frac{1}{2}y^2 \right]_1^2 dx$$

$$= \int_0^1 \left(\left(2x + \frac{1}{2}\cdot 2^2\right) - \left(x + \frac{1}{2}\cdot 1^2\right) \right) dx$$

$$= \int_0^1 \left((2x+2) - \left(x + \frac{1}{2}\right) \right) dx = \int_0^1 \left(x + \frac{3}{2} \right) dx$$

後から x について積分します

$$= \left[\frac{1}{2}x^2 + \frac{3}{2}x \right]_0^1$$

$$= \left(\frac{1}{2}\cdot 1^2 + \frac{3}{2}\cdot 1 \right) - \left(\frac{1}{2}\cdot 0^2 + \frac{3}{2}\cdot 0 \right) = 2 - 0$$

$$= 2$$

2) まず x を定数と考えて y について先に積分します。そのあとに x について積分を行います。

$$\int_0^1 \left\{ \int_1^2 xy\, dy \right\} dx = \int_0^1 \left[\frac{1}{2} xy^2 \right]_1^2 dx$$
$$= \int_0^1 \left(\left(\frac{1}{2} x \cdot 2^2 \right) - \left(\frac{1}{2} x \cdot 1^2 \right) \right) dx$$
$$= \int_0^1 \frac{3}{2} x\, dx = \left[\frac{3}{2} \cdot \frac{1}{2} x^2 \right]_0^1$$
$$= \left(\frac{3}{4} \cdot 1^2 \right) - \left(\frac{3}{4} \cdot 0^2 \right) = \frac{3}{4}$$

> yについて先に積分します

> 後からxについて積分します

●累次積分と重積分の関係を考えよう

さて、累次積分によって体積を求めてみましたが、立体を分割する際には2通りの方法が考えられるでしょう。

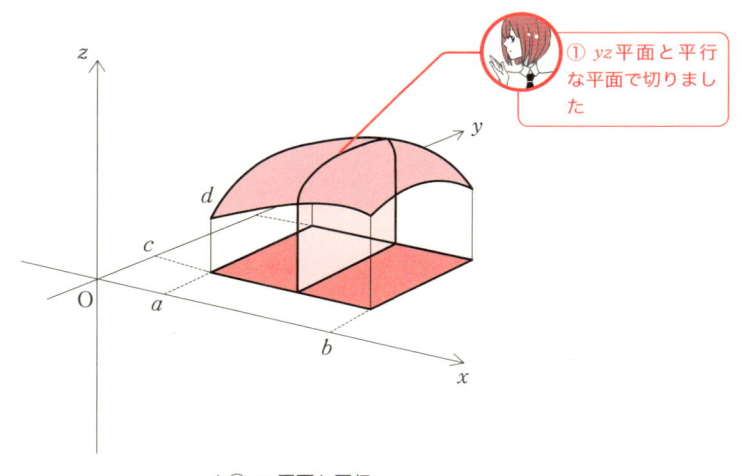

> ① yz平面と平行な平面で切りました

▲① yz 平面と平行

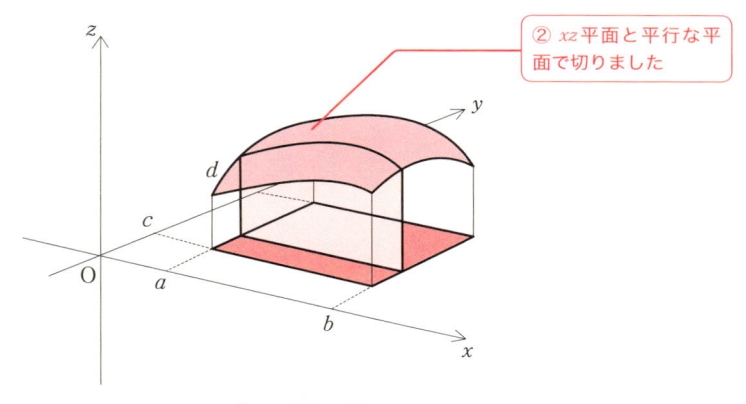

② xz平面と平行な平面で切りました

▲② xz 平面と平行

①では yz 平面に平行に切って考えています。②では xz 平面に平行に切って考えています。

$z = f(x, y)$ が D で連続であるとき、①と②は一致し、重積分の結果と一致します。そこでどちらの方法でも体積を求めることができます。

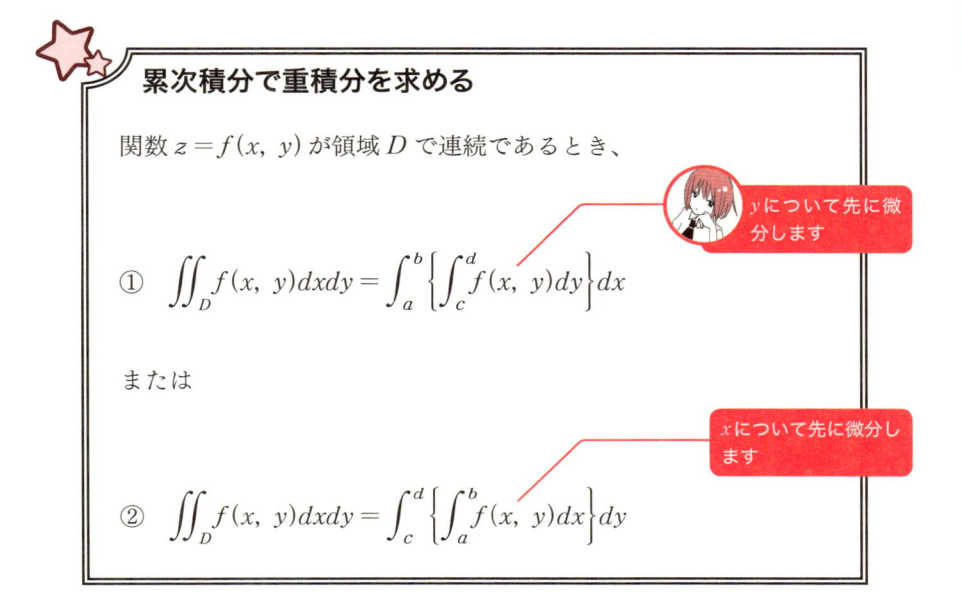

累次積分で重積分を求める

関数 $z = f(x, y)$ が領域 D で連続であるとき、

① $\displaystyle\iint_D f(x, y)dxdy = \int_a^b \left\{ \int_c^d f(x, y)dy \right\} dx$

yについて先に微分します

または

② $\displaystyle\iint_D f(x, y)dxdy = \int_c^d \left\{ \int_a^b f(x, y)dx \right\} dy$

xについて先に微分します

①ではyについて先に積分していることになります。②ではxについて先に積分していることになります。

それでは2通りの方法で累次積分を計算してみましょう。

> **練習**
> 次の重積分を二通りの方法で計算せよ。
> 1) $\iint_D (2x+y+1)dxdy$
> $D = \{(x, y) | 0 \leq x \leq 1, \ 1 \leq y \leq 2\}$
> 2) $\iint_D (xy+x^2)dxdy$
> $D = \{(x, y) | 0 \leq x \leq 1, \ 1 \leq y \leq 2\}$

解答

1) yについて先に積分します。

$\int_0^1 \left\{ \int_1^2 (2x+y+1)dy \right\} dx = \int_0^1 \left[2xy + \frac{1}{2}y^2 + y \right]_1^2 dx$

$= \int_0^1 \left\{ \left(2x\cdot 2 + \frac{1}{2}\cdot 2^2 + 2 \right) - \left(2x\cdot 1 + \frac{1}{2}\cdot 1^2 + 1 \right) \right\} dx$

$= \int_0^1 \left(2x + \frac{5}{2} \right) dx = \left[\frac{1}{2}\cdot 2x^2 + \frac{5}{2}x \right]_0^1 = \left[x^2 + \frac{5}{2}x \right]_0^1$

$= \left(1^2 + \frac{5}{2}\cdot 1 \right) - \left(0^2 + \frac{5}{2}\cdot 0 \right) = \frac{7}{2}$

xについて先に積分します。

$$\int_1^2\left\{\int_0^1(2x+y+1)dx\right\}dy = \int_1^2\left[2\cdot\frac{1}{2}x^2+xy+x\right]_0^1 dy$$

（xについて先に積分します）

$$= \int_1^2\{(1^2+y+1)-(0^2+0\cdot y-0)\}dy$$

$$= \int_1^2(2+y)dy = \left[2y+\frac{1}{2}y^2\right]_1^2$$

（後からyについて積分します）

$$= \left(2\cdot 2+\frac{1}{2}\cdot 2^2\right)-\left(2\cdot 1+\frac{1}{2}\cdot 1^2\right) = 6-\frac{5}{2}$$

$$= \frac{7}{2}$$

2) y について先に積分します。

$$\int_0^1\left\{\int_1^2(xy+x^2)dy\right\}dx = \int_0^1\left[\frac{1}{2}xy^2+x^2 y\right]_1^2 dx$$

（yについて先に積分します）

$$= \int_0^1\left\{\left(\frac{1}{2}x\cdot 2^2+2\cdot x^2\right)-\left(\frac{1}{2}x\cdot 1^2+1\cdot x^2\right)\right\}dx$$

$$= \int_0^1\left(2x+2x^2-\frac{1}{2}x-x^2\right)dx$$

$$= \int_0^1\left(x^2+\frac{3}{2}x\right)dx = \left[\frac{1}{3}x^3+\frac{3}{2}\cdot\frac{1}{2}x^2\right]_0^1$$

（後からxについて積分します）

$$= \left(\frac{1}{3}\cdot 1^3+\frac{3}{4}\cdot 1^2\right)-\left(\frac{1}{3}\cdot 0^3+\frac{3}{4}\cdot 0^2\right) = \frac{13}{12}$$

xについて先に積分します。

$$\int_1^2 \left\{\int_0^1 (xy+x^2)dx\right\}dy = \int_1^2 \left[\frac{1}{2}x^2 y + \frac{1}{3}x^3\right]_0^1 dy$$

（*x*について先に積分します）

$$= \int_1^2 \left\{\left(\frac{1}{2}\cdot 1^2 \cdot y + \frac{1}{3}\cdot 1^3\right) - \left(\frac{1}{2}\cdot 0^2 \cdot y + \frac{1}{3}\cdot 0^3\right)\right\}dy$$

$$= \int_1^2 \left(\frac{1}{2}y + \frac{1}{3}\right)dy = \left[\frac{1}{2}\cdot\frac{1}{2}y^2 + \frac{1}{3}y\right]_1^2$$

$$= \left(\frac{1}{4}\cdot 2^2 + \frac{1}{3}\cdot 2\right) - \left(\frac{1}{4}\cdot 1^2 + \frac{1}{3}\cdot 1\right)$$

$$= \left(1 + \frac{2}{3}\right) - \left(\frac{1}{4} + \frac{1}{3}\right)$$

$$= \frac{13}{12}$$

（後から*y*について積分します）

理解度確認！(7.2)

次の重積分を求めよ。

1) $\iint_D (x^2+y^2)dxdy$

   $D = \{(x, y)\mid 0 \leqq x \leqq 1,\ 0 \leqq y \leqq 1\}$

2) $\iint_D (x-y)dxdy$

   $D = \{(x, y)\mid 0 \leqq x \leqq 1,\ 1 \leqq y \leqq 2\}$

（解答は p.239）

7.3 積分領域を考えよう

●長方形でない積分領域の場合は？

　前の節で計算した立体では、積分領域が長方形でした。この節では積分領域が長方形ではない場合について考えてみましょう。このとき積分領域に注意する必要があります。

例題　次の重積分を求めよ。

$$\iint_D (x+y)dxdy$$

$$D = \{(x, y) | y \leqq x, \ 0 \leqq x \leqq 2, \ y \geqq 0\}$$

解答　積分領域を図にしてみます。積分領域は次の三角形になります。

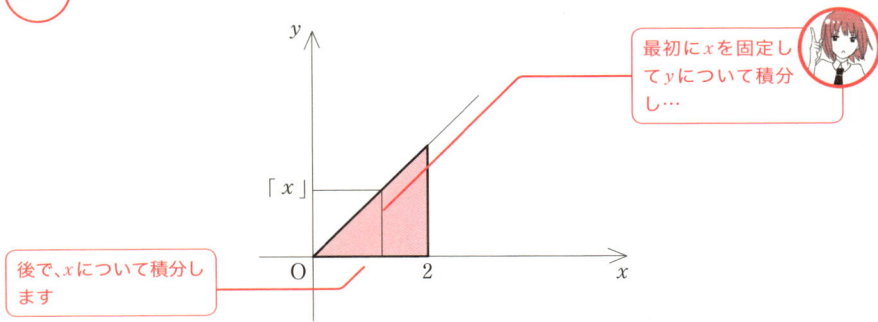

（図：y 軸と x 軸、O から $(2,0)$、$(2,2)$ を頂点とする三角形領域。「x」の位置で縦線。）

- 最初に x を固定して y について積分し…
- 後で、x について積分します

　まず x を定数として考えることにします。すると y の積分範囲は $0 \leqq y \leqq x$ となります。
　次に x について積分します。x の積分範囲は $0 \leqq x \leqq 2$ となります。したがって累次積分として計算してみると次のようになります。

> 最初にxを固定してyについて積分し…
>
> 後で、xについて積分します

$$\iint_D (x+y)dxdy = \int_0^2 \left\{\int_0^x (x+y)dy\right\}dx = \int_0^2 \left[xy+\frac{1}{2}y^2\right]_0^x dx$$
$$= \int_0^2 \left\{\left(x \cdot x + \frac{1}{2} \cdot x^2\right) - \left(x \cdot 0 + \frac{1}{2} \cdot 0^2\right)\right\}dx = \int_0^2 \frac{3}{2}x^2 dx$$
$$= \left[\frac{3}{2} \cdot \frac{1}{3}x^3\right]_0^2 = \left(\frac{1}{2} \cdot 2^3\right) - \left(\frac{1}{2} \cdot 0^3\right) = 4 - 0 = 4$$

練習
次の重積分を求めよ。
$$\iint_D xy\,dxdy$$
$$D = \{(x, y)|\ y \leqq x^2,\ 0 \leqq x \leqq 2,\ y \geqq 0\}$$

解答
積分領域を図にしてみます。積分領域は次の領域となります。

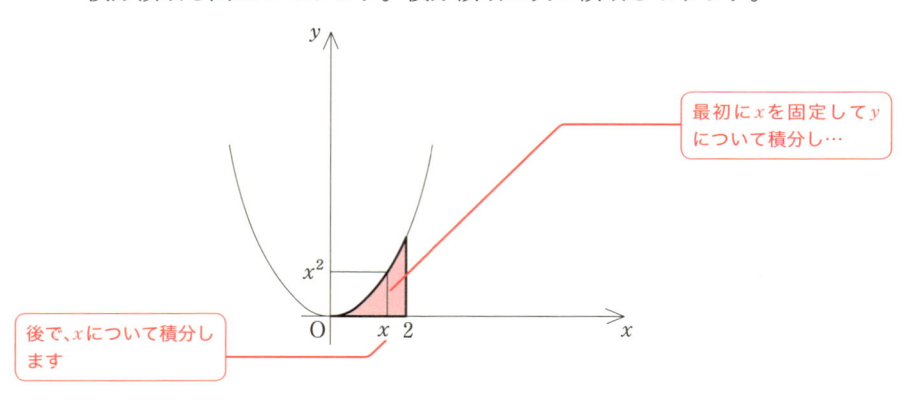

> 最初にxを固定してyについて積分し…
>
> 後で、xについて積分します

まずxを定数として考えることにします。するとyの積分範囲は $0 \leqq y \leqq x^2$ となります。

次にxについて積分します。xの範囲は $0 \leqq x \leqq 2$ となります。

したがって累次積分として計算してみると次のようになります。

> 最初に x を固定して y について積分し…

> 後で、x について積分します

$$\iint_D (xy)dxdy = \int_0^2 \left(\int_0^{x^2} xy\, dy \right) dx$$

$$= \int_0^2 \left[\frac{1}{2} xy^2 \right]_0^{x^2} dx = \int_0^2 \left\{ \left(\frac{1}{2} x(x^2)^2 \right) - \left(\frac{1}{2} x(0^2)^2 \right) \right\} dx$$

$$= \int_0^2 \frac{1}{2} x^5 dx = \left[\frac{1}{12} x^6 \right]_0^2 = \left(\frac{1}{12} \cdot 2^6 \right) - \left(\frac{1}{12} \cdot 0^6 \right) = \frac{16}{3}$$

●極座標に変換してみよう

積分領域が円やその一部である場合は、積分領域を**極座標**と呼ばれる座標系に変換して考えると便利です。

極座標とは、原点を直交する xy 座標を用いずに、原点からの角度 θ と距離 r であらわす座標系です。

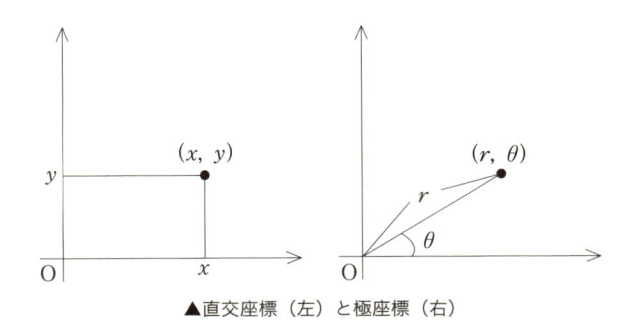

▲直交座標（左）と極座標（右）

通常の直交座標と極座標の関係について次の式が成り立ちます。

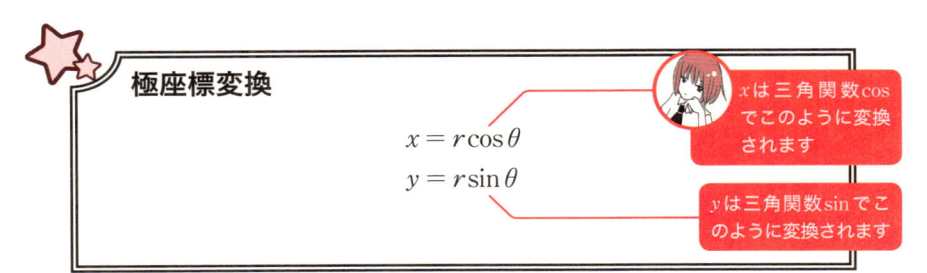

極座標変換

$$x = r\cos\theta$$
$$y = r\sin\theta$$

> x は三角関数 $\cos$ でこのように変換されます

> y は三角関数 $\sin$ でこのように変換されます

この極座標を用いた重積分は次のように計算できます。

極座標変換による重積分の計算

$$\iint_D f(x, y)dxdy = \iint_D f(r, \theta)r\, drd\theta$$

座標変換にともない積分結果はr倍となります

たとえば次の重積分を、積分領域を変換することによって計算してみることにしましょう。

例題 次の重積分を求めよ。

$$\iint_D (x+y)dxdy$$

$$D = \{(x, y)|\, x^2+y^2 \leq 1,\, 0 \leq x \leq 1,\, 0 \leq y \leq 1\}$$

解答 Dは次のような1/4円となっています。xとyの範囲から、rとθの範囲は次のようになっています。

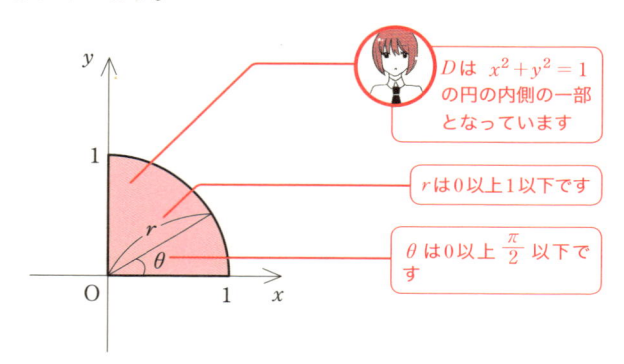

Dは$x^2+y^2=1$の円の内側の一部となっています

rは0以上1以下です

θは0以上$\frac{\pi}{2}$以下です

$$D = \left\{(r, \theta)\,\middle|\, 0 \leq r \leq 1,\, 0 \leq \theta \leq \frac{\pi}{2}\right\}$$

そこで次のように累次積分によって計算します。

xを変換しました　　　　　　　　　　　　　　　yを変換しました

座標変換にともないrをかけました

$$\iint_D (x+y)dxdy = \int_0^{\frac{\pi}{2}} \left\{ \int_0^1 (r\cos\theta + r\sin\theta) r\, dr \right\} d\theta$$

$$= \int_0^{\frac{\pi}{2}} \left\{ \int_0^1 (r^2\cos\theta + r^2\sin\theta) dr \right\} d\theta$$

$$= \int_0^{\frac{\pi}{2}} \left[\frac{1}{3}r^3\cos\theta + \frac{1}{3}r^3\sin\theta \right]_0^1 d\theta$$

$$= \frac{1}{3}\int_0^{\frac{\pi}{2}} \{(1^3\cos\theta + 1^3\sin\theta) - (0^3\cos\theta + 0^3\sin\theta)\} d\theta$$

$$= \frac{1}{3}\int_0^{\frac{\pi}{2}} (\cos\theta + \sin\theta) d\theta = \frac{1}{3}[\sin\theta - \cos\theta]_0^{\frac{\pi}{2}}$$

$$= \frac{1}{3}\left\{\left(\sin\frac{\pi}{2} - \cos\frac{\pi}{2}\right) - (\sin 0 - \cos 0)\right\}$$

$$= \frac{1}{3}(1 - 0 - 0 + 1) = \frac{2}{3}$$

練習してみましょう。

練習
次の重積分を求めよ。
$$\iint_D (x^2+y^2)dxdy$$
$$D = \{(x, y)\,|\, x^2+y^2 \leqq 1,\ -1 \leqq x \leqq 1,\ y \geqq 0\}$$

解答

D は次のような 1/2 円となっています。x と y の範囲から、r と θ の範囲は次のようになっています。

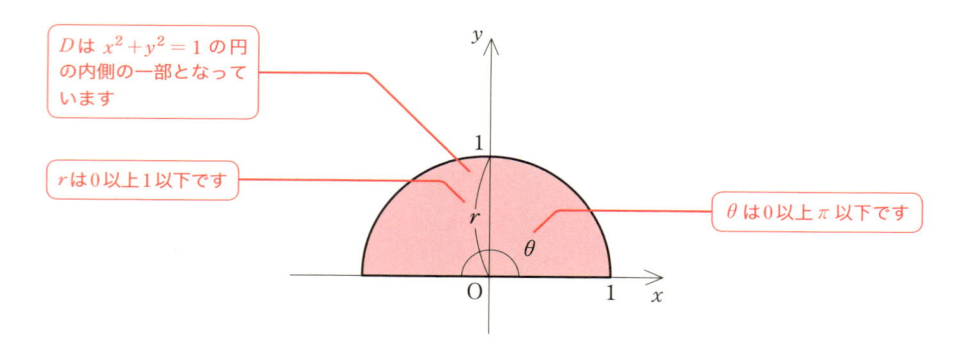

- D は $x^2+y^2=1$ の円の内側の一部となっています
- r は 0 以上 1 以下です
- θ は 0 以上 π 以下です

$$D = \{(r,\ \theta)\,|\, 0 \leqq r \leqq 1,\ 0 \leqq \theta \leqq \pi\}$$

そこで次のように累次積分によって計算します。

- x を変換しました
- y を変換しました
- 座標変換にともない r をかけました

$$\iint_D (x^2+y^2)dxdy = \int_0^\pi \left\{\int_0^1 (r^2\cos^2\theta + r^2\sin^2\theta)r\,dr\right\}d\theta$$
$$= \int_0^\pi \left\{\int_0^1 r^3(\cos^2\theta + \sin^2\theta)dr\right\}d\theta$$
$$= \int_0^\pi \left[\frac{1}{4}r^4\right]_0^1 d\theta$$
$$= \int_0^\pi \left(\frac{1}{4}\cdot 1^3 - \frac{1}{4}\cdot 0^3\right)d\theta$$
$$= \int_0^\pi \frac{1}{4}d\theta = \left[\frac{1}{4}\theta\right]_0^\pi = \frac{\pi}{4}$$

7.4 体積を考えよう

最後にさまざまな立体の体積を求めてみましょう。これまでみたように立体の体積は重積分であらわすことができます。

立体の体積

積分領域 D と $f(x, y)$ に囲まれる立体の体積は
$$\iint_D f(x, y)dxdy$$

いくつかの立体の体積を求めてみましょう。

練習

次の重積分を求めよ。

1) $\iint_D (2x+y)dxdy$

   $D = \{(x, y) \mid y \leq x,\ 0 \leq x \leq 2,\ y \geq 0\}$

2) $\iint_D (3x+2y)dxdy$

   $D = \{(x, y) \mid x^2+y^2 \leq 1,\ x \geq 0,\ y \geq 0\}$

解答

1)

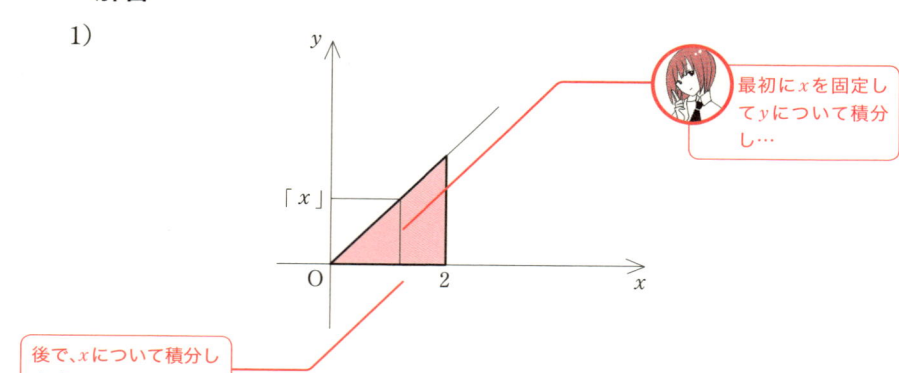

> 最初に x を固定して y について積分し…

> 後で、x について積分します

まず x を定数として考えることにします。すると y の積分範囲は $0 \leqq y \leqq x$ となります。

次に x を積分します。x の積分範囲は $0 \leqq x \leqq 2$ となります。したがって累次積分として計算してみると次のようになります。

$$\iint_D (2x+y)dxdy = \int_0^2 \left\{ \int_0^x (2x+y)dy \right\} dx$$

$$= \int_0^2 \left[2xy + \frac{1}{2}y^2 \right]_0^x dx$$

$$= \int_0^2 \left\{ \left(2x \cdot x + \frac{1}{2} \cdot x^2\right) - \left(2x \cdot 0 + \frac{1}{2} \cdot 0^2\right) \right\} dx$$

$$= \int_0^2 \frac{5}{2}x^2 dx$$

$$= \frac{5}{2}\left[\frac{1}{3}x^3\right]_0^2 = \frac{5}{2}\left\{\left(\frac{1}{3} \cdot 2^3\right) - \left(\frac{1}{3} \cdot 0^3\right)\right\} = \frac{5}{2} \cdot \frac{8}{3} = \frac{20}{3}$$

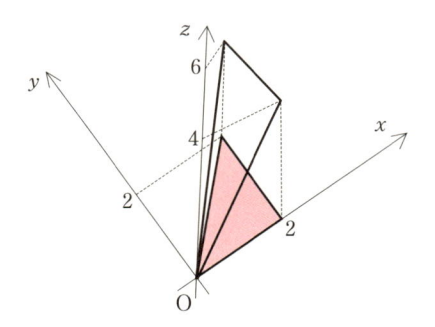

2) D は次のような 1/4 円となっています。したがって r と θ の範囲は次のようになります。

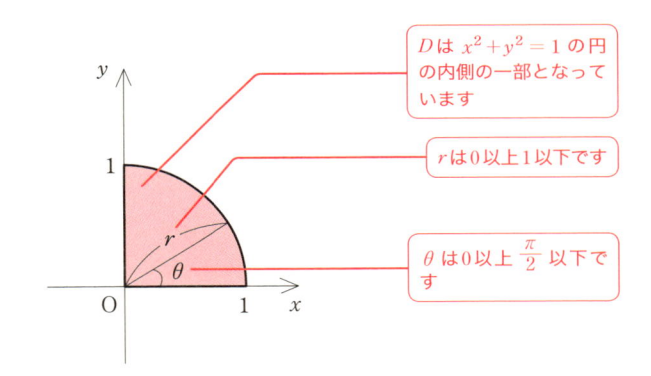

> D は $x^2+y^2=1$ の円の内側の一部となっています
>
> r は 0 以上 1 以下です
>
> θ は 0 以上 $\dfrac{\pi}{2}$ 以下です

$$D = \left\{(r,\ \theta) \mid 0 \leqq r \leqq 1,\ 0 \leqq \theta \leqq \dfrac{\pi}{2}\right\}$$

そこで次のように累次積分によって計算します。

xを変換しました　　　yを変換しました

座標変換にともないrをかけました

$$\iint_D (3x+2y)dxdy = \int_0^{\frac{\pi}{2}} \left\{ \int_0^1 (3r\cos\theta + 2r\sin\theta) r\, dr \right\} d\theta$$

$$= \int_0^{\frac{\pi}{2}} \left\{ \int_0^1 (3r^2\cos\theta + 2r^2\sin\theta) dr \right\} d\theta$$

$$= \int_0^{\frac{\pi}{2}} \left[\frac{3}{3}r^3\cos\theta + \frac{2}{3}r^2\sin\theta \right]_0^1 d\theta$$

$$= \int_0^{\frac{\pi}{2}} \left\{ \left(1^3\cdot\cos\theta + \frac{2}{3}\cdot 1^2\sin\theta\right) - \left(0^3\cdot\cos\theta + \frac{2}{3}\cdot 0^2\sin\theta\right) \right\} d\theta$$

$$= \int_0^{\frac{\pi}{2}} \left(\cos\theta + \frac{2}{3}\sin\theta\right) d\theta = [\sin\theta]_0^{\frac{\pi}{2}} + \frac{2}{3}[-\cos\theta]_0^{\frac{\pi}{2}}$$

$$= \left(\sin\frac{\pi}{2}\right) - (\sin 0) + \frac{2}{3}\left(-\cos\frac{\pi}{2}\right) - \frac{2}{3}(-\cos 0)$$

$$= 1 - 0 - 0 + \frac{2}{3} = \frac{5}{3}$$

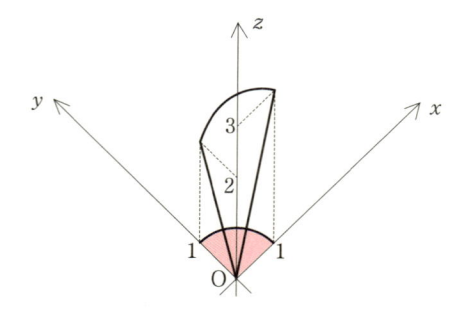

222

理解度確認！：解答

●1.6

1) $(6x+1)' = 6x^{1-1} = 6$
2) $(5x^3+2x)' = 5 \cdot 3x^{3-1} + 2x^{1-1} = 15x^2 + 2$
3) $(-10x^4+2x+3)' = -10 \cdot 4x^{4-1} + 2x^{1-1} = -40x^3 + 2$
4) $((5x^3+2x-3)(3x^2+1))'$
$= (5x^3+2x-3)'(3x^2+1) + (5x^3+2x-3)(3x^2+1)'$
$= (15x^2+2)(3x^2+1) + (5x^3+2x-3) \cdot 6x$
$= (45x^4+21x^2+2) + (30x^4+12x^2-18x)$
$= 75x^4 + 33x^2 - 18x + 2$
5) $\left(\dfrac{2x}{x+1}\right)' = \dfrac{(2x)'(x+1) - 2x(x+1)'}{(x+1)^2} = \dfrac{2(x+1) - 2x \cdot 1}{(x+1)^2}$
$= \dfrac{(2x+2) - 2x}{(x+1)^2} = \dfrac{2}{(x+1)^2}$

●2.1

1) $f(u) = u^4$、$g(x) = x^2 + 3$ として考えます。
$f'(u)g'(x) = (u^4)'(x^2+3)' = 4u^3 \cdot 2x$
$= 8x(x^2+3)^3$
2) $f(u) = u^5$、$g(x) = x^2 - 1$ として考えます。
$f'(u)g'(x) = (u^5)'(x^2-1)' = 5u^4 \cdot 2x$
$= 10x(x^2-1)^4$
3) $f(u) = u^4$、$g(x) = 2x^2 + 3$ として考えます。
$f'(u)g'(x) = (u^4)'(2x^2+3)' = 4u^3 \cdot 4x$
$= 16x(2x^2+3)^3$

●2.2

1) $x - 2 = y^2$ であることから、y の関数 $x = y^2 + 2$ と考えることができます。y で微分すると次のように微分できます。
$$\dfrac{dx}{dy} = 2y$$

逆関数の公式を使うことができます。最後に元の式 $y=\sqrt{x-2}$ に戻しましょう。

$$\frac{dy}{dx} = \frac{1}{\frac{dx}{dy}} = \frac{1}{2y}$$

$$= \frac{1}{2\sqrt{x-2}}$$

2) $x+1=y^5$ であることから、y の関数 $x=y^5-1$ と考えることができます。y で微分すると、次のように微分できます。

$$\frac{dx}{dy} = 5y^4$$

逆関数の公式を使うことができます。最後に元の式 $y=\sqrt[5]{x+1}$ に戻しましょう。

$$\frac{dy}{dx} = \frac{1}{\frac{dx}{dy}} = \frac{1}{5y^4}$$

$$= \frac{1}{5(\sqrt[5]{x+1})^4}$$

● 3.1

1) 積の微分公式を使います。
$$y' = (2x\cos x)' = (2x)'\cos x + 2x(\cos x)'$$
$$= 2\cos x + 2x(-\sin x)$$
$$= 2(\cos x - x\sin x)$$

2) 和の公式と積の公式を使います。
$$y' = (\sin x + x\cos x)' = \cos x + (x)'\cos x + x(\cos x)' = 2\cos x + x(-\sin x)$$
$$= 2\cos x - x\sin x$$

3) この関数は合成関数であると考えることができます。$u=x^2+1$として考えます。

$$y = \sin u$$

合成関数の微分公式を使います。
$$y' = (\sin u)'(x^2+1)'$$
$$= \cos u \cdot 2x$$

u を x の式に戻します。
$$y' = 2x\cos(x^2+1)$$

4) この関数は合成関数であると考えることができます。$u = 3x$ として考えます。
$$y = \tan u$$
合成関数の微分公式を使います。
$$y' = (\tan u)'(3x)'$$
$$= \frac{1}{\cos^2 u} \cdot 3$$
u を x の式に戻します。
$$y' = \frac{3}{\cos^2 3x}$$

●3.2

1) 和の微分公式を使います。
$$y' = (\sin^{-1} x + \cos^{-1} x)' = (\sin^{-1} x)' + (\cos^{-1} x)'$$
$$= \frac{1}{\sqrt{1-x^2}} - \frac{1}{\sqrt{1-x^2}} = 0$$

2) 積の微分公式を使います。
$$y' = (\sin^{-1} x \cos^{-1} x)' = (\sin^{-1} x)' \cos^{-1} x + \sin^{-1} x (\cos^{-1} x)'$$
$$= \frac{1}{\sqrt{1-x^2}} \cdot \cos^{-1} x - \frac{1}{\sqrt{1-x^2}} \cdot \sin^{-1} x = \frac{\cos^{-1} x - \sin^{-1} x}{\sqrt{1-x^2}}$$

3) 積の微分公式を使います。
$$y' = (3x \tan^{-1} x)' = (3x)' \tan^{-1} x + 3x (\tan^{-1} x)' = 3\tan^{-1} x + \frac{3x}{1+x^2}$$

●3.3

1) $u = 2x-1$ と置き換えます。合成関数の微分公式によって次のようになります。
$$y' = (e^u)'(2x-1)' = e^u \cdot 2 = 2e^u$$
u を x の式に戻します。

$$y' = 2e^{2x-1}$$

2) 積の微分公式を使います。
$$y' = (e^x)'\cos x + e^x(\cos x)' = e^x\cos x + e^x(-\sin x) = e^x(\cos x - \sin x)$$

● 3.4

1) 商の微分公式を使います。
$$y' = \frac{(1)'(\log x) - 1(\log x)'}{(\log x)^2} = \frac{0\cdot(\log x) - \dfrac{1}{x}}{(\log x)^2} = -\frac{1}{x(\log x)^2}$$

2) $u = 2x^2 + 1$ と置きます。
$$y = \log u$$
合成関数の微分公式を使い、u を x の式に戻します。
$$y' = (\log u)'(2x^2+1)' = \frac{1}{u}\cdot 4x = \frac{4x}{2x^2+1}$$

● 4.2

1) $x \to \infty$ のとき $\dfrac{\infty}{\infty}$ となるため、ロピタルの定理を使って求めてみることにします。
$$\lim_{x\to\infty}\frac{(x)'}{(e^x)'} = \lim_{x\to\infty}\frac{1}{e^x} = \frac{0}{\infty} = 0$$

2) $x \to 0$ のとき $\dfrac{0}{0}$ となるため、ロピタルの定理を使って求めてみることにします。
$$\lim_{x\to 0}\frac{(x^2)'}{(\sin x)'} = \lim_{x\to 0}\frac{2x}{\cos x} = \frac{0}{1} = 0$$

● 4.3

1) まず導関数を求めます。
$$y' = (-4x^3 + 2x^2 + 1)' = -4\cdot 3x^2 + 2\cdot 2x = -12x^2 + 4x$$
$$= 4x(-3x+1)$$

$y'=0$ となるのは $x=0$ または $\dfrac{1}{3}$ のときです。

$f(0)$、$f\left(\dfrac{1}{3}\right)$ の値を調べておきましょう。

$$f(0) = -4\cdot 0^3 + 2\cdot 0^2 + 1 = 1 \text{ (極小)}$$

$$f\left(\dfrac{1}{3}\right) = -4\cdot\left(\dfrac{1}{3}\right)^3 + 2\cdot\left(\dfrac{1}{3}\right)^2 + 1 = \dfrac{-4+2\cdot 3+3^3}{3^3} = \dfrac{29}{27} \text{ (極大)}$$

なお $\pm\infty$ の極限値を調べると次のようになります。

$$\lim_{x\to\infty}(-4x^3+2x^2+1) = \lim_{x\to\infty}\left\{-x^3\left(4-\dfrac{2}{x}\right)+1\right\}$$
$$= -\infty\cdot(4-0)+1 = -\infty$$

$$\lim_{x\to -\infty}(-4x^3+2x^2+1) = \lim_{x\to -\infty}\left\{-x^3\left(4-\dfrac{2}{x}\right)+1\right\}$$
$$= -(-\infty)\cdot(4-0)+1 = \infty$$

この情報から増減表とグラフを書いてみましょう。

▼増減表

x	$-\infty$		0		$\dfrac{1}{3}$		∞
$f'(x)$		$-$	0	$+$	0	$-$	
$f(x)$	∞	↘ 減少	1 極小	↗ 増加	$\dfrac{29}{27}$ 極大	↘ 減少	$-\infty$

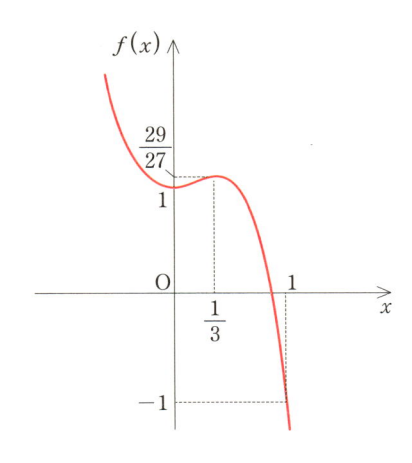

2) まず導関数を求めます。
$$y' = (e^x \cos x)' = (e^x)' \cos x + e^x (\cos x)' = e^x \cos x - e^x \sin x$$
$$= e^x (\cos x - \sin x)$$

$y' = 0$ のとき $\cos x = \sin x$ ですから $-\pi \leq x \leq \pi$ において $y' = 0$ となるのは $x = -\dfrac{3\pi}{4}$ または $\dfrac{\pi}{4}$ のときです。

$f\left(-\dfrac{3\pi}{4}\right)$、$f\left(\dfrac{\pi}{4}\right)$ の値を調べておきましょう。

$$f\left(-\dfrac{3\pi}{4}\right) = e^{-\frac{3\pi}{4}} \cos\left(-\dfrac{3\pi}{4}\right) = -e^{-\frac{3\pi}{4}} \dfrac{1}{\sqrt{2}} \quad (\text{極小})$$

$$f\left(\dfrac{\pi}{4}\right) = e^{\frac{\pi}{4}} \cos\left(\dfrac{\pi}{4}\right) = e^{\frac{\pi}{4}} \dfrac{1}{\sqrt{2}} \quad (\text{極大})$$

なお $f(-\pi)$ と $f(\pi)$ の値を調べると次のようになります。
$$f(-\pi) = e^{-\pi} \cos(-\pi) = -e^{-\pi}$$
$$f(\pi) = e^{\pi} \cos(\pi) = -e^{\pi}$$

この情報から増減表を書いてみましょう。

▼増減表

x	$-\pi$		$-\dfrac{3\pi}{4}$		$\dfrac{\pi}{4}$		π
$f'(x)$		$-$	0	$+$	0	$-$	
$f(x)$	$-e^{-\pi}$	↘ 減少	$-e^{-\frac{3\pi}{4}} \dfrac{1}{\sqrt{2}}$ 極小	↗ 増加	$e^{\frac{\pi}{4}} \dfrac{1}{\sqrt{2}}$ 極大	↘ 減少	$-e^{\pi}$

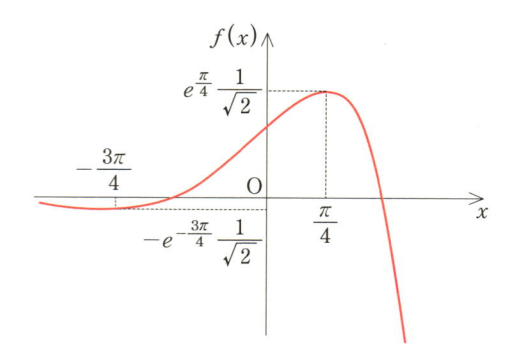

228

● 4.4

1) まず微分して導関数を求めます。
$$y' = (2x^3 - 4x^2 + 2x + 5)' = 2 \cdot 3x^2 - 4 \cdot 2x + 2 = 6x^2 - 8x + 2$$
$$= (x-1)(6x-2)$$

$y' = 0$ となるのは $x = 1, \dfrac{1}{3}$ のときです。

$f(1)$、$f\left(\dfrac{1}{3}\right)$ を調べておきましょう。

$$f\left(\dfrac{1}{3}\right) = 2 \cdot \left(\dfrac{1}{3}\right)^3 - 4 \cdot \left(\dfrac{1}{3}\right)^2 + 2 \cdot \left(\dfrac{1}{3}\right) + 5$$
$$= \dfrac{2 - 12 + 18 + 135}{27} = \dfrac{143}{27} \text{（極大）}$$

$$f(1) = 2 \cdot 1^3 - 4 \cdot 1^2 + 2 \cdot 1 + 5 = 2 - 4 + 2 + 5 = 5 \text{（極小）}$$

さらに微分します。
$$y'' = (6x^2 - 8x + 2)' = 6 \cdot 2x - 8 = 12x - 8$$

$y'' = 0$ となるのは $x = \dfrac{2}{3}$ のときです。

なお $\pm\infty$ の極限値を調べると次のようになります。

$$\lim_{x \to \infty}(2x^3 - 4x^2 + 2x + 5) = \lim_{x \to \infty}\left\{x^3\left(2 - \dfrac{4}{x} + \dfrac{2}{x^2}\right) + 5\right\}$$
$$= \infty \cdot (2 - 0 + 0) + 5 = \infty$$

$$\lim_{x \to -\infty}(2x^3 - 4x^2 + 2x + 5) = \lim_{x \to -\infty}\left\{x^3\left(2 - \dfrac{4}{x} + \dfrac{2}{x^2}\right) + 5\right\}$$
$$= -\infty \cdot (2 - 0 + 0) + 5 = -\infty$$

▼増減表

x	$-\infty$		$\dfrac{1}{3}$		$\dfrac{2}{3}$		1		∞
$f'(x)$		$+$	0	$-$	$-$	$-$	0	$+$	
$f''(x)$		$-$	$-$	$-$	0	$+$	$+$	$+$	
$f(x)$	$-\infty$	↗	$\dfrac{143}{27}$ 極大	↘	変曲点	↘	5 極小	↗	∞

[グラフ: $f(x)$、$\frac{143}{27}$、5、$\frac{1}{3}$、1 を示す]

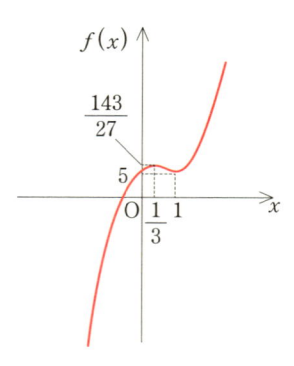

2) まず微分して導関数を求めます。
$$y' = (xe^{-x})' = (x)'e^{-x} + x(e^{-x})'$$
$u = -x$ とおき合成関数の微分公式を使います。
$$y' = e^{-x} + xe^u(-1) = e^{-x} - xe^{-x} = (1-x)e^{-x}$$
$y' = 0$ となるのは $x = 1$ のときです。
$f(1)$ を調べておきましょう。
$$f(x) = 1 \cdot e^{-1} = e^{-1}$$
さらに微分します。
$$y'' = ((1-x)e^{-x})' = (1-x)'e^{-x} + (1-x)(e^{-x})' = -e^{-x} - (1-x)e^{-x}$$
$$= (x-2)e^{-x}$$
$y'' = 0$ となるのは $x = 2$ のときです。
なお $\pm\infty$ の極限値を調べると次のようになります。
$$\lim_{x \to -\infty}(xe^{-x}) = -\infty \cdot \infty = -\infty$$
$$\lim_{x \to \infty}(xe^{-x}) = \infty \cdot 0$$
なお $x \to \infty$ のときは $\infty \cdot 0$ となり定まらないので、分数に直して考えてみます。
$$\lim_{x \to \infty}\frac{x}{e^x} = \frac{\infty}{\infty}$$
∞/∞ の不定形となるのでロピタルの定理を使って極限値を求めます。

$$\lim_{x\to\infty}\frac{(x)'}{(e^x)'} = \lim_{x\to\infty}\frac{1}{e^x} = \frac{1}{\infty} = 0$$

▼増減表

x	$-\infty$		1		2		∞
$f'(x)$			0				
$f''(x)$		$+$	$+$	$+$	0	$-$	
$f(x)$	$-\infty$	↗	e^{-1} 極大	↘	変曲点	↘	0

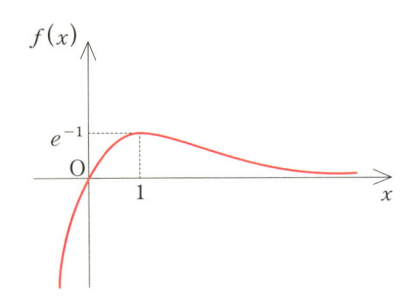

● 4.5

1) $u = 2x$ とおいて合成関数の微分を行います。

$$f(x) = e^{2x}$$
$$f'(x) = (e^u)'(2x)' = 2e^{2x}$$
$$f''(x) = 2(e^u)'(2x)' = 4e^{2x}$$
$$f'''(x) = 4(e^u)'(2x)' = 8e^{2x}$$

$x = 0$ の場合の値を求めます。

$$f(0) = e^{2\cdot 0} = 1$$
$$f'(0) = 2e^{2x} = 2e^{2\cdot 0} = 2$$
$$f''(0) = 4e^{2x} = 4e^{2\cdot 0} = 4$$
$$f'''(0) = 8e^{2x} = 8e^{2\cdot 0} = 8$$

よって次のように近似できます。
$$f(x) \fallingdotseq 1 + \frac{2}{1}x + \frac{4}{1\times 2}x^2 + \frac{8}{1\times 2\times 3}x^3$$
$$= 1 + 2x + 2x^2 + \frac{4}{3}x^3$$

2) 微分を行います。
$$f(x) = x\sin x$$
$$f'(x) = x\sin x = (x)'\sin x + x(\sin x)' = \sin x + x\cos x$$
$$f''(x) = \sin x + x\cos x = (\sin x)' + (x)'\cos x + x(\cos x)'$$
$$= 2\cos x - x\sin x$$
$$f'''(x) = 2\cos x - x\sin x = (2\cos x)' - ((x)'\sin x + x(\sin x)')$$
$$= -2\sin x - \sin x - x\cos x = -3\sin x - x\cos x$$

$x=0$ の場合の値を求めます。
$$f(0) = 0 \cdot \sin 0 = 0$$
$$f'(0) = \sin 0 + 0 \cdot \cos 0 = 0$$
$$f''(0) = 2\cos 0 - 0 \cdot \sin 0 = 2$$
$$f'''(0) = -3\sin 0 - 0 \cdot \cos 0 = 0$$

よって次のように近似できます。
$$f(x) \fallingdotseq 0 + \frac{0}{1}x + \frac{2}{1\times 2}x^2 + \frac{0}{1\times 2\times 3}x^3 = x^2$$

● **5.2**

1) $\displaystyle\int (x^2 + 3x - 1)dx = \frac{1}{3}x^3 + 3 \cdot \frac{1}{2}x^2 - 1 \cdot x + C = \frac{1}{3}x^3 + \frac{3}{2}x^2 - x + C$

2) $\displaystyle\int \left(x - \frac{1}{x}\right)dx = \int x\,dx - \int \frac{1}{x}dx = \frac{1}{2}x^2 - \log|x| + C$

● **5.3**

1) $\displaystyle\int x\sin x\,dx$ は、$\displaystyle\int x(-\cos x)'dx$ と考えることができます。そこで部分積分の公式を使います。

$$\int x(-\cos x)' dx = x(-\cos x) - \int (x)'(-\cos x) dx + C$$
$$= -x\cos x - \int 1 \cdot (-\cos x) dx + C$$
$$= -x\cos x - (-\sin x) + C$$
$$= -x\cos x + \sin x + C$$

2) $\int xe^x dx$ は、$\int x(e^x)' dx$ と考えることができます。そこで部分積分の公式を使います。

$$\int x(e^x)' dx = xe^x - \int (x)' e^x dx + C$$
$$= xe^x - \int 1 \cdot e^x dx + C$$
$$= xe^x - e^x + C$$

3) $u = 2x+6$ とおきます。すると次の積分を求めればよいことになります。

$$\int u^5 dx$$

そこで置換積分の公式を使います。$u = 2x+6$ を変形すると $x = \dfrac{1}{2}u - 3$ となります。x を u で微分すると、$x' = \dfrac{1}{2}$ となります。公式を使ったら、最後に u を元に戻します。

$$\int u^5 \cdot \frac{1}{2} du = \frac{1}{2} \int u^5 du = \frac{1}{2} \cdot \frac{1}{6} u^6 + C$$
$$= \frac{1}{12}(2x+6)^6 + C$$

u を元に戻します

● 5.4

1) $\displaystyle\int_0^{\frac{\pi}{2}} (\cos x + \sin x) dx = \int_0^{\frac{\pi}{2}} \cos x\, dx + \int_0^{\frac{\pi}{2}} \sin x\, dx$

$$= [\sin x]_0^{\frac{\pi}{2}} + [-\cos x]_0^{\frac{\pi}{2}}$$
$$= \left(\sin \frac{\pi}{2}\right) - (\sin 0) + \left(-\cos \frac{\pi}{2}\right) - (-\cos 0)$$
$$= 1 - 0 - 0 + 1 = 2$$

2) $\int_1^2 \left(\frac{1}{x}+1\right)dx = \int_1^2 \frac{1}{x}dx + \int_1^2 1 dx = [\log|x|]_1^2 + [x]_1^2$
$= (\log 2) - (\log 1) + 2 - 1 = \log 2 + 1$

3) $\int_{-1}^0 (e^x + x)dx = \int_{-1}^0 e^x dx + \int_{-1}^0 x dx = [e^x]_{-1}^0 + \left[\frac{1}{2}x^2\right]_{-1}^0$
$= (e^0) - (e^{-1}) + \left(\frac{1}{2} \cdot 0^2\right) - \left(\frac{1}{2} \cdot (-1)^2\right)$
$= 1 - e^{-1} + 0 - \frac{1}{2} = -e^{-1} + \frac{1}{2}$

● 5.5

1) $x(-\cos x)'$ と考えることができます。部分積分の公式を使います。
$$\int_{\frac{\pi}{2}}^{\pi} x \sin x \, dx = [x(-\cos x)]_{\frac{\pi}{2}}^{\pi} - \int_{\frac{\pi}{2}}^{\pi} (x)'(-\cos x)dx$$
$= [x(-\cos x)]_{\frac{\pi}{2}}^{\pi} + \int_{\frac{\pi}{2}}^{\pi}(\cos x)dx = [x(-\cos x)]_{\frac{\pi}{2}}^{\pi} + [\cos x]_{\frac{\pi}{2}}^{\pi}$
$= (\pi(-\cos \pi)) - \left(\frac{\pi}{2}\left(-\cos \frac{\pi}{2}\right)\right) + \left(\cos \pi - \cos \frac{\pi}{2}\right)$
$= \pi \cdot (-(-1)) - \frac{\pi}{2} \cdot 0 - 1 - 0 = \pi - 1$

2) $u = 2x$ とおきます。すると次の積分を求めればいいことになります。
$$\int_0^{\frac{\pi}{2}} \cos u \, dx$$
$u = 2x$ を変形すると $x = \frac{1}{2}u$ となります。x を u で微分すると、
$x' = \frac{1}{2}$ となります。

なお積分範囲に注意する必要があります。$u = 2x$ に代入してみると、積分範囲は次のようになります。

x	0	$\frac{\pi}{2}$
u	0	π

$$\int_0^\pi \cos u \cdot \frac{1}{2} du = \frac{1}{2}[\sin u]_0^\pi = \frac{1}{2}\{(\sin \pi)-(\sin 0)\} = \frac{1}{2}(0-0) = 0$$

3) $u = 3x+2$ とおきます。すると次の積分を求めればいいことになります。

$$\int_0^1 u^2 dx$$

$u = 3x+2$ を変形すると $x = \frac{1}{3}u - \frac{2}{3}$ となります。x を u で微分すると、$x' = \frac{1}{3}$ となります。なお積分範囲に注意する必要があります。

$u = 3x+2$ に代入してみると、積分範囲は次のようになります。

x	0	1
t	2	5

積分範囲を変更しました

$$\int_2^5 u^2 \cdot \frac{1}{3} du = \frac{1}{3}\left[\frac{1}{3}u^3\right]_2^5 = \frac{1}{3}\left\{\left(\frac{1}{3}\cdot 5^3\right)-\left(\frac{1}{3}\cdot 2^3\right)\right\}$$
$$= \frac{1}{3}\cdot\frac{117}{3} = 13$$

● 5.6

$$\int_1^\infty \frac{1}{x^3}dx = \lim_{b\to\infty}\int_1^b x^{-3}dx = \lim_{b\to\infty}\left[-\frac{1}{2}x^{-2}\right]_1^b$$
$$= \lim_{b\to\infty}\left(\left(-\frac{1}{2}b^{-2}\right)-\left(-\frac{1}{2}\cdot 1^{-2}\right)\right)$$
$$= \lim_{b\to\infty}\left(\left(-\frac{1}{2b^2}\right)-\left(-\frac{1}{2\cdot 1^2}\right)\right) = \lim_{b\to\infty}\left(\left(-\frac{1}{2b^2}\right)+\frac{1}{2}\right) = \frac{1}{2}$$

● 5.7

1) 曲線と x 軸の交点を求めておきましょう。
$$\cos x + \sin x = 0$$
$$\cos x = -\sin x$$

$-\pi \leqq x \leqq \pi$ において成り立つのは $x=-\dfrac{\pi}{4}$ または $\dfrac{3\pi}{4}$ のときです。

$$\int_{-\frac{\pi}{4}}^{\frac{3\pi}{4}} (\cos x + \sin x) dx = [\sin x - \cos x]_{-\frac{\pi}{4}}^{\frac{3\pi}{4}}$$
$$= \left(\sin\dfrac{3\pi}{4} - \cos\dfrac{3\pi}{4}\right) - \left(\sin\left(-\dfrac{\pi}{4}\right) - \cos\left(-\dfrac{\pi}{4}\right)\right)$$
$$= \left(\dfrac{1}{\sqrt{2}} - \left(-\dfrac{1}{\sqrt{2}}\right)\right) - \left(-\dfrac{1}{\sqrt{2}} - \dfrac{1}{\sqrt{2}}\right) = \dfrac{4}{\sqrt{2}} = 2\sqrt{2}$$

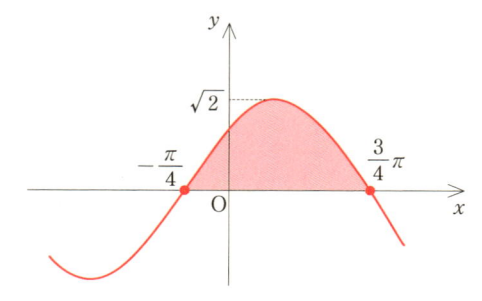

2) 曲線の交点を求めておきましょう。
$$\cos x = \sin x$$
$-\pi \leqq x \leqq \pi$ において成り立つのは $x=-\dfrac{3\pi}{4}$ または $\dfrac{\pi}{4}$ のときです。

曲線は $x=-\dfrac{3\pi}{4}, \dfrac{\pi}{4}$ のとき交わります。

$$\int_{-\frac{3\pi}{4}}^{\frac{\pi}{4}} (\cos x - \sin x) dx = [\sin x + \cos x]_{-\frac{3\pi}{4}}^{\frac{\pi}{4}}$$
$$= \sin\dfrac{\pi}{4} + \cos\dfrac{\pi}{4} - \left(\sin\left(-\dfrac{3\pi}{4}\right) + \cos\left(-\dfrac{3\pi}{4}\right)\right)$$
$$= \dfrac{1}{\sqrt{2}} + \dfrac{1}{\sqrt{2}} - \left(-\dfrac{1}{\sqrt{2}} - \dfrac{1}{\sqrt{2}}\right) = \dfrac{4}{\sqrt{2}} = 2\sqrt{2}$$

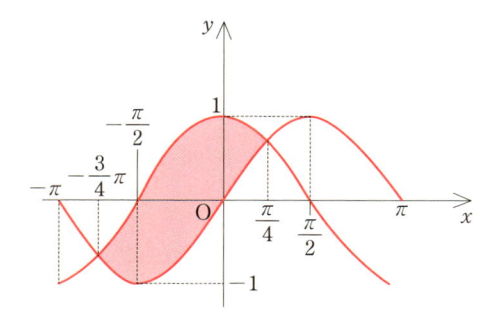

● 5.8

回転させる図形を描くと次のようになります。回転体の体積は次のように求めることができます。

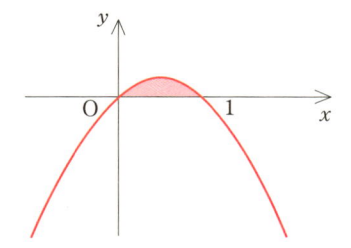

$$\pi \int_0^1 (-x^2+x)^2 dx = \pi \int_0^1 (x^4-2x^3+x^2)dx = \pi \left[\frac{1}{5}x^5-2\cdot\frac{1}{4}x^4+\frac{1}{3}x^3\right]_0^1$$
$$=\pi\left\{\left(\frac{1}{5}\cdot 1^5-2\cdot\frac{1}{4}\cdot 1^4+\frac{1}{3}\cdot 1^3\right)-\left(\frac{1}{5}\cdot 0^5-2\cdot\frac{1}{4}\cdot 0^4+\frac{1}{3}\cdot 0^3\right)\right\}$$
$$=\pi\left(\frac{1}{5}-\frac{1}{2}+\frac{1}{3}\right)=\frac{1}{30}\pi$$

● 6.1

1) x について偏微分を行います。

$$\frac{\partial z}{\partial x} = 2x+y$$

y について偏微分を行います。

$$\frac{\partial z}{\partial x} = x + 2 \cdot 2y = x + 4y$$

2) x について偏微分を行います。
$$\frac{\partial z}{\partial x} = 2 \cdot 2x + 4y = 4x + 4y$$

y について偏微分を行います。
$$\frac{\partial z}{\partial y} = 4x - 3 \cdot 2y = 4x - 6y$$

●6.2

1) $\dfrac{\partial z}{\partial x} = 4x - 6y$

$\dfrac{\partial z}{\partial y} = -6x + 2 \cdot 5y = -6x + 10y$

$dz = (4x - 6y)dy + (-6x + 10y)dy$

2) まず偏微分を求めます。
$$\frac{\partial z}{\partial x} = y$$
$$\frac{\partial z}{\partial y} = x$$

よって点 $(2, 2, 4)$ での接平面は
$$z - 2 \cdot 2 = 2(x - 2) + 2(y - 2)$$
$$z = 2x + 2y - 4$$

●6.3

$\dfrac{\partial z}{\partial x} = 4x^3 - 6y$

$\dfrac{\partial z}{\partial y} = -6x + 2y$

次を満たす点を調べます。
$$4x^3 - 6y = 0 \cdots\cdots ①$$
$$-6x + 2y = 0 \cdots\cdots ②$$

②より $y = 3x$ よって①は

$$4x^3 - 18x = 0$$
$$2x(2x^2 - 9) = 0$$

$x = 0$ または $\pm \dfrac{3}{\sqrt{2}}$

$\dfrac{3}{\sqrt{2}}$ のときの z の値を調べると

$$\left(\dfrac{3}{\sqrt{2}}\right)^4 - 6 \cdot \dfrac{3}{\sqrt{2}} \cdot \dfrac{9}{\sqrt{2}} + \left(\dfrac{9}{\sqrt{2}}\right)^2 = \dfrac{81}{4} - \dfrac{162}{2} + \dfrac{81}{2} = -\dfrac{81}{4}$$

同様に $-\dfrac{3}{\sqrt{2}}$ のときの z の値を調べると $-\dfrac{81}{4}$

したがって点 $(0,\ 0,\ 0)$ または点 $\left(\dfrac{3}{\sqrt{2}},\ \dfrac{9}{\sqrt{2}},\ -\dfrac{81}{4}\right)$ または点 $\left(-\dfrac{3}{\sqrt{2}},\ -\dfrac{9}{\sqrt{2}},\ -\dfrac{81}{4}\right)$ が停留点となります。

●7.2

1)
$$\int_0^1 \left\{\int_0^1 (x^2 + y^2) dy\right\} dx = \int_0^1 \left[x^2 y + \dfrac{1}{3} y^3\right]_0^1 dx$$
$$= \int_0^1 \left\{\left(x^2 \cdot 1 + \dfrac{1}{3} \cdot 1^3\right) - \left(x^2 \cdot 0 + \dfrac{1}{3} \cdot 0^3\right)\right\} dx$$
$$= \int_0^1 \left(x^2 + \dfrac{1}{3}\right) dx = \left[\dfrac{1}{3} x^3 + \dfrac{1}{3} x\right]_0^1$$
$$= \left(\dfrac{1}{3} \cdot 1^3 + \dfrac{1}{3} \cdot 1\right) - \left(\dfrac{1}{3} \cdot 0^3 + \dfrac{1}{3} \cdot 0\right) = \dfrac{2}{3}$$

2)
$$\int_0^1 \left\{\int_1^2 (x - y) dy\right\} dx = \int_0^1 \left[xy - \dfrac{1}{2} y^2\right]_1^2 dx$$
$$= \int_0^1 \left\{\left(x \cdot 2 - \dfrac{1}{2} \cdot 2^2\right) - \left(x \cdot 1 - \dfrac{1}{2} \cdot 1^2\right)\right\} dx$$
$$= \int_0^1 \left(x - \dfrac{3}{2}\right) dx$$
$$= \left[\dfrac{1}{2} x^2 - \dfrac{3}{2} x\right]_0^1 = \left(\dfrac{1}{2} \cdot 1^2 - \dfrac{3}{2} \cdot 1\right) - \left(\dfrac{1}{2} \cdot 0^2 - \dfrac{3}{2} \cdot 0\right)$$
$$= -1$$

―― 著者プロフィール ――

高橋 麻奈（たかはし まな）

1971年東京都生まれ。1995年東京大学経済学部卒業。出版社に勤務の後、テクニカルライターとして独立。
主な著書に『やさしいJava』『やさしいC』『やさしいPHP』『やさしい基本情報技術者講座』（以上、SBクリエイティブ）、『ここからはじめる統計学の教科書』（朝倉書店）などがある。

> 本書へのご意見、ご感想は、以下のあて先で、書面またはFAXにてお受けいたします。電話でのお問い合わせにはお答えいたしかねますので、あらかじめご了承ください。
>
> 〒162-0846　東京都新宿区市谷左内町21-13
> 株式会社技術評論社　書籍編集部
> 『親切ガイドで迷わない 大学の微分積分』係
> FAX：03-3267-2271

- ブックデザイン　小川 純（オガワデザイン）
- カバー・本文イラスト　シライシユウコ
- 本文DTP　BUCH⁺

親切ガイドで迷わない
大学の微分積分
（しんせつ）（まよ）
（だいがく）（びぶんせきぶん）

2014年7月25日　初版　第1刷発行

著　　者	高橋 麻奈（たかはし まな）
発　行　者	片岡 巌
発　行　所	株式会社技術評論社
	東京都新宿区市谷左内町21-13
	電話　03-3513-6150　販売促進部
	03-3267-2270　書籍編集部
印刷／製本	昭和情報プロセス株式会社

定価はカバーに表示してあります。

本の一部または全部を著作権の定める範囲を超え、無断で複写、複製、転載、テープ化、あるいはファイルに落とすことを禁じます。
造本には細心の注意を払っておりますが、万一、乱丁（ページの乱れ）や落丁（ページの抜け）がございましたら、小社販売促進部までお送りください。
送料小社負担にてお取り替えいたします。

©2014　Takahashi Mana
ISBN978-4-7741-6528-8 C3041
Printed in Japan